U0338141

国家重点研发计划项目(2017YFC0804105)资助
中国博士后科学基金项目(2019M653523)资助
国家自然科学基金项目(41974162)资助

地面-钻孔瞬变电磁原理与方法

王 鹏 著

中国矿业大学出版社

·徐州·

内 容 提 要

实施超前钻探揭露前方异常体是保障煤矿防治水安全的重要手段。由于钻探固有的"一孔之见",存在遗漏钻孔周围异常体的可能。地面-钻孔瞬变电磁法在钻孔中布置探头,对钻孔周围进行探测,能弥补"一孔之见"的不足。地面-钻孔瞬变电磁法在煤矿防治水方面具有广阔的应用空间。作者在多年从事该领域科学研究的基础上,对地面-钻孔瞬变电磁法进行了系统梳理,编写了本书。本书共分为7章,分别阐述了地面-钻孔瞬变电磁法的基础理论、正演模拟、三维致灾体理论响应、浮动系数空间交汇、最小二乘反演等内容。

本书可供普通高等学校地球物理专业师生、煤矿相关工程技术人员和科研人员参考使用。

图书在版编目(CIP)数据

地面-钻孔瞬变电磁原理与方法/王鹏著. —徐州：
中国矿业大学出版社,2021.8
ISBN 978 - 7 - 5646 - 5114 - 5

Ⅰ. ①地… Ⅱ. ①王… Ⅲ. ①瞬变电磁法 Ⅳ. ①P631.3

中国版本图书馆 CIP 数据核字(2021)第 175202 号

书　　名	地面-钻孔瞬变电磁原理与方法
著　　者	王　鹏
责任编辑	黄本斌
出版发行	中国矿业大学出版社有限责任公司
	（江苏省徐州市解放南路　邮编221008）
营销热线	（0516)83884103　83885105
出版服务	（0516)83995789　83884920
网　　址	http://www.cumtp.com　E-mail:cumtpvip@cumtp.com
印　　刷	苏州市古得堡数码印刷有限公司
开　　本	787 mm×1092 mm　1/16　印张 9.75　字数 175 千字
版次印次	2021 年 8 月第 1 版　2021 年 8 月第 1 次印刷
定　　价	38.00 元

（图书出现印装质量问题,本社负责调换）

前　言

　　我国煤矿水文地质条件复杂,水害防治形势愈发严峻。随着采掘深度增加和开采技术进步,对地下灾害水的探测精度和效率提出越来越高的要求。利用钻孔对钻孔旁侧进行探测,拓展钻孔功能,是电磁法探测技术的重要发展方向。地面-钻孔瞬变电磁法在地面布置回线源发射一次磁场,能最大限度激发地下目标体;在钻孔中布置探头接收二次场,能最小距离减少信号损失。地面-钻孔瞬变电磁法的先天优点与煤矿发展需求具有高度契合性。本书对地面-钻孔瞬变电磁法应用于煤矿探测工作进行了理论研究。

　　全书共分为7章,第1章针对当前煤矿灾害性地下水探测问题进行阐述,介绍研究内容、主要成果与创新点;第2章阐述地面-钻孔瞬变电磁法的基础理论,计算分析地面回线源最佳尺寸的选择方法;第3章介绍正演方法的基本原理、控制方程和实现步骤,确定时域有限差分算法更适合地面-钻孔瞬变电磁法模拟需求;第4章对常见隐蔽灾害水的全空间三分量响应进行数值模拟,研究工作参数对响应结果的影响,并探讨地面-钻孔瞬变电磁法探测深度;第5章论证电流环与异常体涡流场的等效性,研究利用涡流场三分量对异常体中心坐标进行空间交汇的算法;第6章以等效电流环为依据,通过带约束的最小二乘反演算法实现异常体的空间定位,并验证算法的有效性;第7章总结本书主要研究成果,展望后续研究方向。

　　本书是作者在科研企业工作和读博士期间对地面-钻孔瞬变电磁法探测技术研究和认识的总结,在编写过程中得到了许多同事和学者的帮助和支持。郭建磊进行了章节编制、格式调整等工作,苏超在回线源磁场计算和空间交汇方面辅助进行了相关计算,姚伟华和李明星协助进行了三维模型计算和反演算法设计等工作,王庆在本书最后定稿前进行了详细的阅读检查。陈超教授、程久龙教授、程建远研究员、靳德武研究员、王信文高级工程师在本书编写中提出了许多的宝贵意见。在此向他们表示感谢。

　　感谢"十三五"国家重点研发计划项目子课题"导水通道综合精细定位技术与装备"（2017YFC0804105）为本书撰写积累了大量材料。感谢中国博士后科学基金项目"煤矿地孔瞬变电磁超前定位技术"（2019M653523）和国家自然科学基金项目"煤矿地孔瞬变电磁巷道超前定位方法"（41974162）给予本书的出版支持。

　　由于本书所涉及的学术专业问题探索性较强，且作者水平有限，书中难免存在疏漏之处，敬请广大读者批评指正。

作　者

2020 年 9 月

目　　录

第1章 绪 论

1.1 研究背景、目的和意义

我国煤矿以井工开采为主,约占整个煤炭产量的 97%,然而我国煤矿水文地质条件十分复杂,受水害威胁的煤炭储量约占探明储量的 27%。2000—2019 年,全国煤矿共发生水害事故 619 起、造成 3 753 人死亡(含下落不明人员),给国家造成了巨大经济损失和社会负面影响。随着煤矿向深部延深开采,煤矿开采的水文地质条件变得越发复杂,水害防治形势愈发严峻,水源性隐蔽致灾体仍将是今后我国煤矿事故防治的重点和难点。

煤矿井下水害事故主要发生在巷道掘进期间和工作面回采期间。巷道掘进前方灾害性地质体的探测主要采用超前物探和钻探手段进行提前探查,其中超前物探方法主要有地震反射波法、瑞雷波法、地质雷达法、矿井瞬变电磁法、矿井直流电阻率法、红外测温法等;工作面内部探测也是采用物探和钻探方法,其中物探方法有槽波、无线电波透视、音频电透视等。这些物探方法成功地实现了超前预报灾害性地质异常体,有效保障了矿井安全生产。随着煤矿生产能力的提高,这些物探方法没有跟上技术发展的需求,渐渐显露出其不足的一面。例如在对巷道掘进前方地下含水体的探测中,直流电法或瞬变电磁法存在探测距离不够长(一般在 100 m 左右)、假异常多等缺点;对工作面内部含水体的探测方法中,音频电透视法存在穿透距离短(一般不超过 200 m)、远处分辨率不高等缺点。在当前生产能力下,日掘进 30～50 m 的矿井很多,过短的探测距离不能完全匹配矿井生产接续需要。目前对于采煤工作面内陷落柱、岩溶、断层等异常体,井下探测手段主要还是通过钻探尝试解决。如果施工钻孔过密会导致时间和费用大幅增加,如果钻孔过疏则可能漏掉异常体。因此,如何针对性地解决这些问题,是煤田地球物理探测领域急需研究的课题。

　　针对现阶段煤矿井下巷道超前探测方法一次探查距离相对较短、工作面内部地质水源性隐蔽致灾体探查手段不足的现状,研究了一种在煤矿井下水平钻孔中应用的地面-钻孔瞬变电磁技术。在煤矿巷道掘进前方超前钻孔中应用该项技术,能实现利用单个钻孔长距离准确探查掘进前方水源性隐蔽致灾体的目的;在工作面内钻孔中应用该项技术,能对钻孔周围漏掉的水源性隐蔽致灾体进行定位,提高探查准确度和效率。

1.2　国内外研究现状和存在的问题

1.2.1　地面瞬变电磁法研究现状

　　早在 20 世纪 30 年代已有人提出将瞬变电磁信号用于地质勘探的设想。我国对瞬变电磁法的研究始于 20 世纪 70 年代[1]。瞬变电磁理论是非常复杂的,鉴于当前瞬变电磁理论水平有待提高,特别是瞬变电磁三维正反演处理解释方面,还远没有达到工程应用的水平。最近几年来,众多研究人员对瞬变电磁的二、三维正演计算进行了广泛研究,主要采用的方法包括时域有限差分法、有限单元法、有限体积法、体积分方程法等[2]。

　　西方发达国家在瞬变电磁三维正演模拟方面研究较早,J. T. Kuo 和 D. H. Cho[3]利用时域有限单元法实现了瞬变电磁的三维正演,成功地对低阻覆盖层下的矿体响应进行了模拟计算;W. A. Sanfilipo 和 G. W. Hohmann 等[4-5]推导出了均匀半空间中块状体模型的瞬变响应积分方程解,之后 G. A. Newman 和 G. W. Hohmann 等[6-7]将均匀半空间模型拓展为层状大地模型;T. Wang 和 G. W. Hohmann[8]推导出了求解一阶麦克斯韦方程组的三维时域有限差分算法;宋维琪和全兆歧[9]利用时域有限差分方法得到了电偶源瞬变电磁三维正演响应;肖怀宇[10]从 T. Wang 和 G. W. Hohmann 的理论出发,进一步推导并实现了带地形的瞬变电磁三维正演;M. S. Zhdanov 等[11]采用积分方程法,对非均匀背景条件下复杂模型的瞬变电磁三维响应进行了推导。俄罗斯地球物理学家 M. I. Epov 等[12]利用三维矢量有限元法进行了瞬变电磁三维正演模拟。B. Ralph-Uwe 等[13]对有限单元法进行了进一步研究,对其进行了优化,其理论是:首先基于矢量有限单元法计算得到电偶源或磁偶源频率响应,然后通过余弦变换转化为时间域电磁场响应。E. S. Um 等[14]对三维时域有限单元法进行研究并成功用于模拟接地长导线的瞬变电磁场,其思想是对电场扩散方程进行离散,每一时刻的电场分量便可以由矢量有限单元法计算得到。殷长春、唐新功等[15-16]基于张量格林函数的体积分方程法对三维瞬变电磁响应进行了模拟计算,得到了较好的探测效果;关珊珊[17]采用 GPU 并行的时域有限差分法,对阶跃波激发的航空瞬变电磁响应进行模拟计算;许洋铖等[18]实现了航空瞬变电磁三维全波形正演,采用场源离散法将梯形波关断时间段内的发射电流转换为空间中的初始电磁场;孙怀凤等[19-20]对麦克斯韦方程组中电流密度分量进行了优化,加入了矩形回线源的电流密度,成功实现了回线源瞬变电磁全波形三维正演模拟;李展辉、邱稚鹏等[21-22]对带地形的瞬变电磁三维问题进行了研究,基于非正交网格的时域有限差分法,得到了受地形影响的瞬变电磁场变化特征;李建慧等[23]从麦克斯韦方程组出发对电场异常场进行了推导,基于三维矢量有限元、三维有限差分、三维有限体积等方法实现了瞬变电磁的正演模拟,其过程是先对拉氏域的电场异常进行求解,最终的时间域的电场响应可以通过 G-S 变换方式得到;姚伟华[24]采用瞬变电磁矢量有限元三维正演模拟方法对倾斜低阻板状体的电性源瞬变电磁响应进行数值模拟;李贺[25]对直接时间域矢量有限元瞬变电磁三维正演模拟进行研究,该法可实现加载任意源,并能更好地适应复杂地形情况下的瞬变电磁三维正演;孙怀凤等[26]在非均匀网格剖分的基础上引入多尺度网格剖分算法,即首先使用较大尺寸的粗网格进行第一次剖分,然后在希望加密的区域进行二次剖分,实现基于多尺度网格剖分的瞬变电磁三维时域有限差分正演,经过多个模型计算发现该方法在保证计算精度的同时相比传统时域有限差分计算方法可明显提高计算效率;周建美等[27]采用模拟离散的有限体积法实现了双轴各向异性地层回线源瞬变电磁三维正演,并对三维双轴各向异性模型的正演响应进行计算;刘亚军等[28]采用基于交错网格的拟态有限体积法对时域麦克斯韦方程组进行空间域离散、利用后退欧拉算法进行时间域离散的方式实现了基于有限体积法的瞬变电磁任意各向异性的三维正演算法,通过将时间分段等步长算法与方程直接求解法相结合的形式提高了时域电磁场的求解精度和效率;齐彦福等[29]通过结合非结构时间域有限元算法和自适应网格优化技术,实现各向异性介质条件下三维时间域航空电磁自适应正演,并且将时间作为加权因子,调整各个时刻后验误差的相对权重,进而实现对浅部和深部网格的同步优化。

就瞬变电磁解释方法而言,当前常用的解释手段主要有一维反演和二维电阻率成像技术。二维甚至三维瞬变电磁反演解释技术因其理论复杂,计算量巨大等原因仍处于研究探索阶段,尚无法广泛应用于实际工程资料解释中[30],市场上也未见相关的商业化软件。

基于常见的处理方法,如浮动薄板解释法、烟圈理论解释法、一维反演解释法和拟地震成像法等相继开发了各种瞬变电磁处理解释软件。其中主要有两种形式:一种是作为电法仪器的专用配套软件,一般实现常规数据处理和一维解释;另一种是比较通用的数据处理与资料解释软件系统。其中应用比较广泛的有:① 美国 Interpex 公司的 IX1Dv3 电法数据处理系统,它可以实现直流电法、瞬变电磁法、大地电磁法、频谱激电和相位激电数据一维处理。② 澳大利亚 Encom 公司开发的 EMvision 瞬变电磁法软件,它可以实现层状介质模拟、复合板状模型模拟和块状模型模拟功能。EMIGMAV 7.8 为综合物探资料解释工作站,其中的瞬变电磁法模块功能包括数字滤波、阶跃响应校正、视电阻率和视深度计算、三维正演、一维反演、电导率深度成像等。③ 中国科学院地质与地球物理研究所研发的 TEMINT 软件,其主要实现瞬变电磁一维数据处理及一维反演功能。④ 吉林大学开发的 GeoElectro 电法数据处理系统,其主要实现常规数据处理和一维反演功能。⑤ 中国地质科学院地球物理地球化学勘查研究所开发的 2.0 版本的电法工作站,其瞬变模块功能包括一维正反演、二维电磁偏移成像、基于烟圈理论的电阻率成像等。此外还有澳大利亚的 Maxwell 软件,作为市场上应用比较成熟的 TEM 数据处理软件,它可以实现地面、航空、井中等各种装置类型的瞬变电磁模拟及数据处理。

1.2.2 地面-钻孔瞬变电磁法研究现状

国外采用地面回线源发射、钻孔中接收的地面-钻孔瞬变电磁工作开展较早,第一个综合研究地面-钻孔瞬变电磁的是 D. V. Woods[31],他在 1975 年利用 CRONE PEM 地面-钻孔瞬变电磁系统通过比例模型实验获得了许多有用的地面-钻孔瞬变电磁响应曲线,并总结出了一套纵向电导、倾角、几何尺寸和井旁距离等参数的特征关系曲线,从而为地面-钻孔瞬变电磁的定性解释提供了理论依据。P. A. Eaton 和 R. C. West 等[32-33]通过对二维、三维地面-钻孔瞬变电磁模型响应进行正演计算,总结了导电围岩、低阻覆盖层的影响特征。A. V. Dyck 等[34]以球体和板体模型为基础,系统总结了金属矿勘探中地面-钻孔瞬变电磁资料的解释方法,同时还探讨了地面-钻孔瞬变电磁三分量数据解决盲矿体位置、产状和埋深的可能性,并指出同时在井中观测三个正交分量数据有助于减少地面-钻孔瞬变电磁的多解性问题。1986 年,澳大利亚国家级科研机构 CSIRO[35]做了导电覆盖条件下斜孔地面-钻孔 TEM、单个或组合导体的井中 TEM 物理模型实验,获得了大量的实验曲线,为定性了解导电覆盖对地面-钻孔瞬变电磁响应的影响提供了实验数据。L. Thomas[36]利用时间域地面-钻孔瞬变电磁曲线变号特征,指出在采用自由空间几何模型进行推断解释前,必须充分考虑导电覆盖层或导电围岩对地面-钻孔瞬变电磁异常响应的影响,并用 R. Parums[37] 的地面-钻孔数据进行了处理,结果表明该方法有效。T. Eadie 和 G. Staltari[38] 对地面-钻孔瞬变电磁曲线特征进行了分类。A. C. Duncan[39] 在 Barnett 研究的基础上对地面-钻孔瞬变电磁三分量数据进行了电流环反演。J. P. Cull[40] 从不同角度说明了地面-钻孔瞬变电磁三分量勘探相比于单分量勘探的优点,最后证明三分量勘探能实现地下异常体多参数的解释。G. Turner[41] 比较了地面-钻孔地质雷达和低频地面-钻孔瞬变电磁的优缺点,分析了二者的差异,给出了两种方法的适用范围。J. Cull等[42] 研究了地面-钻孔瞬变电磁数据干扰去除技术。E. M. G. Stolz[43] 利用地面-钻孔三分量瞬变电磁法成功对金矿进行了勘探。M. B. J. Purss 等[44] 提出使用磁场来进行地面-钻孔瞬变电磁勘探,并比较了磁场(B)和磁场导数(dB/dt)两种数据在进行地面-钻孔瞬变电磁探测时的优缺点,最后通过傅里叶变换分析发现,磁场数据在低频段场强幅值是磁场导数的 4~8 倍,有利于压制噪声。D. M. Johnson 等[45] 采用地面-钻孔瞬变电磁发现了规模较大的镍硫化物矿床。A. Duncan[46] 从发射系统、传感器、接收系统三个方面系统总结了瞬变电磁探测仪器的发展现状及发展方向,后续对 UTEM 4、DigiAtlantis、Volterra 等针对地面-钻孔瞬变电磁法的探测系统在数据采集、数据处理等方面的发展现状及各自的优势进行了评述。

在国内,吴凤翔[47] 和胡平[48] 最早开展了地面-钻孔瞬变电磁的研究工作,计算了大量的自由空间中球体和板体的地面-钻孔瞬变电磁响应曲线,并在1995 年又开展了地面-钻孔瞬变电磁正演研究、数据处理和解释研究。蒋慎君等[49] 在苏皖几个矿区开展了井中脉冲瞬变电磁法找矿,发现了 400 m 深处的井旁育矿异常。张兆京等[50] 在栖霞山矿区利用井中脉冲电磁法发现了隐伏的致密块状黄铁矿体。陈锡杰等[51] 从理论、模型实验和资料解释三个方面对井中等轴状导体的瞬变电磁响应进行了分析研究,并提出了位于回线磁源下方的良导球体对外产生的瞬变磁场可以用一个磁偶极子来等效,为井中瞬变电磁异常解释提供了理论模型。雷达[52] 借鉴小波分析的"自适应性"和"数学显微镜性质"的特点,利用计算出的异常 Lipschiz 指数 α 的正负变化区分正常场和异常场,从而有效地提取了瞬变电磁场的纯异常场。张杰等[53] 分别对钻孔位置、薄板的纵向电导及尺寸、倾角、埋深、回线源尺寸等参数的改变进行了数值模拟计算,研究了各种参数变化与响应曲线变化之间的关系,并提出半定量的矢量交会技术,实现了异常体的三维定位。朱松涛[54] 在吉林省红旗岭铜镍矿等开展了长度为 4 325 m 的井中瞬变电磁三分量实测工作,为井中瞬变电磁方法理论研究提供了第一手实测资料。宋汐瑾等[55]通过对井中接收线圈等效电路的理论分析,详细讨论了斜阶跃波激励下一次场与二次场的变化规律,深入研究了井中全程瞬变电磁响应的过渡过程及其影响因素。孟庆鑫等[56]建立了包含薄板导体的均匀半空间二维数学模型,对矩形回线源在半空间中产生的瞬变电磁场进行数值模拟,计算了低阻板状导体在均质半空间和低阻覆盖层影响情况下的地面-钻孔瞬变电磁异常响应,并对响应的特征及规律进行研究分析。戴雪平[57]对地面-钻孔瞬变电磁法的响应特征进行三维数值模拟研究,归纳总结了不同参数模型的异常曲线特征,为野外地球物理工作者在进行野外实测数据解释时提供参考依据。孟庆鑫等[58]通过对均匀半空间和浅部地层含三维低阻异常体进行正演模拟,对大地介质影响下地面-钻孔瞬变电磁响应特征规律进行了系统分析。杨毅等[59]采用遗传算法开展了基于等效涡流的井中瞬变电磁纯异常反演研究,反演以导体内感应电流环为对象,能够准确地确定井中或井旁异常体的尺度、倾角、中心坐标等参数。李建慧等[60]实现了基于一维解析法和矢量有限单元法的地面-钻孔瞬变电磁一维和三维正演,并分析总结了矩形回线源激发的地面-钻孔瞬变电磁场随时间和深度变化的扩散规律。徐正玉等[61]运用时域有限差分算法构建了垂直接触带和含低阻体垂直接触带模型,分析了接触面不同埋深位置和接触面两侧不同电阻率对地面-钻孔瞬变电磁响应产生的影响。张杰等[62]通过研究等效场矢量的空间特征,发现感应二次场矢量的方向与一次场强度、观测点距离及观测时间均无关,只与观测点的方位有关,在此基础上开发了地面-钻孔瞬变电磁矢量交会技术。徐正玉等[63-64]对均匀半空间和垂直断层面进行了正演模拟,还对单异常体和多异常体以及在"定源异井"和"动源定井"两种观测方式下典型地电模型进行地面-钻孔瞬变电磁法异常场进行了三维正演模拟。唐继强等[65]采用本征电流等效模拟三维长方体和球体的三分量电磁响应规律,为定性和定量解释三维盲矿体提供了理论依据。武军杰等[66]借鉴地面-钻孔瞬变电磁异常场反演方法,对地面大定源瞬变电磁在地面测量的衰减电压数据进行了基于等效电流环的纯异常场三分量反演,实现了夏日哈木铜镍矿区盲矿体的三维定位技术。程建远等[67]采用趋势面分析技术,消除了瞬变电磁数据中背景场的影响,提取出局部变化的弱异常场,有效地突出反映了瞬变电磁的弱异常,数值模拟分析和实际资料验证情况良好。杨怀杰等[68]通过对井中均匀全空间和三维低阻体模型进行瞬变电磁场数值模拟,获得了不同电阻率目标体在导电围岩内电磁场的传播特征以及不同导电围岩对瞬变电磁响应的影响规律。杨海燕等[69]采用时域有限差分方法实现了回线源地面-钻孔瞬变电磁三维正演,并对均匀半空间和倾斜板状体、含低阻覆盖层的倾斜板状体进行了模拟研究。李术才等[70]对深部开采矿井地面电性源发射、井下接收的瞬变电磁探测方法的响应规律展开研究,阐述了均匀半空间的电性源正演响应规律,分析了不同收发距和方位角的曲线形态,得到了电性源地面-钻孔瞬变电磁的探测范围和传播规律,并对比了高阻煤层在顶板和底板接收的瞬变电磁数据的差异。陈丁[71]将地面-钻孔瞬变电磁法引入煤矿井下巷道中,将回线源布设于巷道内、接收探头放置巷道内钻孔中进行观测,以期改进矿井水害异常体探测时的纵向分辨率和边界定位能力,并以孔中瞬变电磁感应电动势响应特征和矿井全空间瞬变电磁感应电动势响应极性反转现象为研究对象,通过理论分析、公式推导、积分方程法数值模拟和 Cole-Cole 模型理论研究,获得了全空间钻孔中一维和矿井全空间巷道-孔中三维感应电动势的响应特征及其变化规律以及存在极化层或极化异常体时全空间一维和矿井巷道三维瞬变电磁感应电动势响应特征和变化规律。武军杰等[72]对电性源地面-钻孔瞬变电磁法进行了研究,通过数值模拟对三分量曲线形态进行分析,总结了电性源地下电性界面的异常特征,并通过电偶极子叠加的方式获得了电性源瞬变电磁响应,其理论模型的视电阻率计算结果显示不同深度测点的视电阻率曲线首支不同,而尾支基本一致。李凯[73]将地面-巷道瞬变电磁引入隧道中,对隧道前方和顶底板含水地质体进行探测,在数值模拟的基础上利用山东大学的隧道超前地质预报试验平台进行物理模拟。杨毅等[74]在新疆白石泉铜镍矿区 ZK506 孔采集三分量数据并推断一处异常,后续钻孔验证为良好导电硫化物。杨毅等[75]提出采用层状大地响应来模拟背景场,通过“差值法”从实测数据中减去背景场实现异常场提取,并采用 Matlab GUI 平台编制基于等效电流环的人机交互快速成像程序。陈爽爽[76]以地面-巷道瞬变电磁法一维正演和全域视电阻率计算方法为基础,对地下两层低阻层的分辨能力展开研究。范涛[77]通过分析正演数据特征,提出将分时段和全时段波场反变换算法进行结合,基于相关的滑动时窗波场反变换算法实现高精度波场转换,得出相应的动校正算法,并采用等效导电平面法构建初始速度模型,最终在虚拟声波介质假设下通过共轭梯度全波形反演技术实现巷道-钻孔瞬变电磁数据的拟地震反演成像,还结合数值模拟、物理模拟以及工程实例验证了反演算法的有效性。陈卫营等[78]基于一维正演理论,对电性源在地下激发的 6 个电磁场分量的扩散、分布特性和探测能力进行了分析研究。王鹏等[79]为有效识别钻孔旁侧遗漏的积水采空区并确定其空间位置,采用在地面发射阶跃波、钻孔中接收三分量感应场的观测方式进行地面-钻孔瞬变电磁探测,通过构建积水采空区地电模型并正演异常体的响应特征及分析异常体电阻率、规模和相对钻孔距离变化对异常场的影响规律,实现了"一孔多用",为小煤窑积水采空区的精细探查提供了一种新的地球物理勘探手段。姚伟华等[80]提出了一种在地面布设发射回线,在煤矿井下掘进工作面或工作面水平钻孔中测量瞬变电磁场三分量信号的超前探测方法,通过正演模拟发现三分量总场和异常场之间总体符合烟圈效应,总场和异常场三分量衰减曲线或者多测道曲线形态随时间的变化特征,可以采用不同时刻感应电流环相对于测点或者测线的位置来进行分析,并在地面进行钻孔瞬变电磁超前探测的相似性试验,验证了理论模型响应特征的正确性。

1.2.3 存在的问题

通过国内外研究现状可知,国外开始的时间较早,始于 20 世纪 70 年代[81-82],而深入研究和广泛应用的时间约为 20 世纪 80 年代中期[83-91],尤其是在加拿大、澳大利亚、苏联等国家[92-97]。国外找矿的实践表明,地面-钻孔瞬变电磁技术已成为一种重要的导电矿体勘探方法[98],特别是地面电磁法工作因矿体深度太大,或者受电性干扰因素(如导电覆盖、浅部硫化物、地表矿化地层等)影响大的地区,地面-钻孔瞬变电磁法的优势就更加凸显[99-104]。在国内,自 1987 年以来,随着地面-钻孔瞬变电磁仪的引进(SIROTEM、EM-37、CRONE Digital PEM),我国才具备了开展地面-钻孔瞬变电磁法工作的条件。由于种种原因,地面-钻孔瞬变电磁法工作一直未得到重视和广泛应用,相关论文发表也较少。近几年来,随着矿业采掘活动的急剧增加,地面-钻孔瞬变电磁法凸显出其强大的潜在优势,慢慢得到科技工作者的关注,相关论文发表明显增加[105-108]。

当前对地面-钻孔瞬变电磁法的研究仅局限于如何利用此法在地面垂直钻孔中探查井旁的盲矿体。由于产业结构和水文地质条件的不同,国外煤炭产业并不突出且地质探查任务相对简单,对煤矿水平钻孔中应用地面-钻孔瞬变电磁法的需求度不足,相关研究论文发表更少。国内近些年虽然对地面-钻孔瞬变电磁法的研究趋热,但同样限制在垂直井中,尚没有关于煤矿水平井中应用该方法的研究论文发表。鉴于我国煤矿地质条件复杂,井下探查任务急迫,地面-钻孔瞬变电磁法必将因其明显的潜在优势而得到广泛应用。由于接收点与发射源之间相对位置关系的改变,垂直井中地面-钻孔瞬变电磁法对异常的反映特征与水平井并不一致,相应的数据处理与解释方法也随之改变,将垂直井中的地面-钻孔瞬变电磁法直接应用于水平井中将不能取得准确的探查结果。因此,应开展煤矿井下水平钻孔中地面-钻孔瞬变电磁法的基础研究,为其实际应用、解决当前探查难题排除障碍。

1.3　研究目标、内容、方法和技术路线

1.3.1　研究目标和研究内容

研究目标是模拟、总结地面-钻孔瞬变电磁异常响应特征,研究浮动系数空间交汇与等效电流环反演方法,为实现对井周灾害水的辨别提供理论基础。

针对研究目标,研究内容主要包括:

(1)三维空间水源性隐蔽致灾体理论响应特征

采用时域有限差分算法进行地面-钻孔瞬变电磁三维正演计算。对半空间为均匀介质和一维简单层状结构、测点位于地面回线中心的模型进行三维正演计算,对比解析解,论证采用三维时域有限差分算法的正确性与适用性。

建立以测线为 X 轴、垂直向下为 Z 轴、与 X 轴垂直且同水平方向为 Y 轴的笛卡尔直角坐标系。对均匀半空间的响应进行正演模拟,计算 X、Y、Z 三个分量的磁场,得到正常地层条件下三个分量磁场随时间的变化规律。改变半空间电阻率,分别进行正演计算,对比不同电阻率时正常场的磁场响应曲线,分析总结半空间电阻率对磁场响应的影响特征。

设置测点位于地面至地下不同深度,分别进行正演计算,对比不同深度测点的响应曲线,总结正常场的响应特征,分析地面-水平井瞬变电磁法感应场的传播规律。根据当前仪器灵敏度,设置最小信号的阈值,以此为基础研究最大探测深度。

针对当前煤矿面临的主要水源性隐蔽致灾体,建立典型的陷落柱、小窑采空区、断层等水源性隐蔽致灾体模型,形成低阻异常体。在测线旁侧设置典型低阻异常体并进行三维正演计算,获得含异常场的总场响应。对比正常场曲线与总场曲线,分析异常体的影响特征。改变异常体电阻率的大小,研究其与围岩电阻率差异的影响;改变异常体尺寸的大小,研究异常体规模的影响;改变异常体与测线之间的远近关系,研究异常体距离的影响,在此基础上总结异常体影响特征。设置低阻覆盖层模型并进行正演计算分析低阻覆盖层对总场响应的影响,改变覆盖层的厚度和电阻率,总结覆盖层的参数变化对总场的影响规律。

研究总场中背景场与异常场的分离技术,获得异常场,进一步总结异常体的影响特征,分析总结覆盖层对异常场的影响特征。

在坐标系 YZ 平面的四个象限中,分别放置异常体,正演计算总场响应,

分离背景场获得异常场后,分析 X、Y、Z 三分量异常曲线的组合特征,总结异常体位于不同象限时三分量异常曲线形态的组合规律。

(2) 浮动系数空间交汇法对异常体空间位置的判别

以真空中的水平电流环为研究对象,计算其辐射磁场的空间分布,分析总结磁力线的分布特征及与电流环的相对关系。

设置测线与电流环轴线平行,计算测线上各测点的 X、Y、Z 三分量磁场曲线,总结各测点三分量曲线的特征。移动电流环至测线水平截面的不同象限,分别计算测点的三分量曲线,总结不同象限时曲线的组合特征。

将水平电流环替换成低阻异常体,真空替换成相对高阻的均匀介质,在地面布置大回线源,测线与水平电流环轴线平行,重复上述情况,进行三维正演计算,获得异常体的异常场。对比分析电流环三分量曲线与异常体异常场三分量曲线特征及组合规律之间的异同。

设置测线与电流环轴线垂直,重复测线与电流环轴线平行的步骤,总结不同象限时曲线的组合特征。

同样进行替换,正演计算获得垂直测线电流环三分量曲线与异常体异常场三分量曲线两者之间特征及组合规律的异同。

研究垂直测线时水平分量对电流环方位的指向交汇,垂直分量与水平分量对电流环中心位置的指向交汇。将此结果应用于异常场与异常体,研究其可行性。

研究水平测线时水平分量对电流环方位的指向交汇,垂直分量与水平分量对电流环中心位置的指向交汇,解决测线与异常中心的截面为倾斜面,而非垂直面的问题(地面-垂直井瞬变电磁法中测线与异常中心截面为垂直面),提出适应任意角度倾斜面的浮动系数空间交汇法,实现对异常体中心位置的空间定位。将此关系应用于地面-水平井瞬变电磁法的异常场与异常体,研究其可行性。

(3) 基于电流环理论的最小二乘反演

经过对电流环辐射磁场与异常体异常场的对比分析,认为低阻异常体为感应涡流源的集中区,其某个时刻内部总的涡流场可用单独的电流环等效代替,对外产生的二次场即由该电流环等效辐射产生。采用浮动系数空间交汇法确定异常体中心相对于测线的空间位置,并设置初始电流环的半径、空间姿态等变量作为反演的初始模型,以电流环在三维空间中产生的磁场值与异常体产生的异常场的差值为基准,按照各个变量的梯度方向调整各个变量的大小,当差值为极小值时,认为各变量具体参数与真实值最匹配。

反演中采用信赖域概念对各个变量的变化范围进行约束,使获得的模型参数更符合实际情况,同时考虑到反演方程的病态性,引入正则化因子,在一定程度上减弱反演的病态性和多解性,其中正则化因子的选择不需要人为干预,采用 L 曲线法自适应调节,在此形成基于电流环理论的自适应正则化最小二乘反演法。通过反演不同时刻异常体产生的涡流环的中心位置、半径、方位角、倾斜角等参数,进一步对异常体尺寸和形态进行评价。

1.3.2　研究方法和技术路线

针对上述研究内容,首先在地面布置大回线发射一次场、在地下水平方向布置测线接收二次场的地面-钻孔瞬变电磁法工作装置,设置异常体、建立三维组合模型,采用时间域有限差分算法进行三维模拟计算。通过改变半空间电阻率、测线深度,正演模拟获得背景场响应特征。根据当前仪器灵敏度设置最小信号阈值,研究最大探测深度。在研究背景场与异常场分离技术的基础上改变异常体电阻率、尺寸、距离测线远近等参数,正演模拟获得异常场的响应特征及异常体参数的影响。计算真空中电流环辐射场的分布,对比异常场规律,研究电流环替代异常体的可行性。针对水平电流环时垂直测线与水平测线上三分量磁场对电流环中心的指向交汇,研究浮动系数空间交汇法。以等效电流环理论为基础,以浮动系数空间交汇法确定的异常中心为初始参数,对异常体的尺寸、空间位置、空间姿态进行最小二乘法反演。

采用的技术路线如下:

首先对采用的三维时域有限差分法进行检验,通过与均匀半空间和简单地电断面的地面测点解析解进行对比,证明数值算法的正确性。在此基础上构建地质异常体模型,设置地面载流大回线作为发射源,地下水平测线布置接收点,组合形成三维空间模型。改变半空间电阻率和测点深度后,分别进行正演计算,对比各参数下正常场的变化,分析总结正常场的响应特征。

根据当前仪器灵敏度设置最小信号阈值,改变测线深度,分别进行正演计算,分析最大探测深度。

在测线旁侧添加异常体,正演计算获得带异常响应的总场,与正常场对比分析获得异常体的影响特征。改变异常体的尺寸、电阻率、与测线的距离等参数,分别进行正演模拟,分析总结异常体的影响规律。在地面添加低阻覆盖层,正演计算覆盖层对总场的影响。分别改变覆盖层厚度和电阻率,分析总结覆盖层对总场的影响规律。

研究曲线拟合等技术,在掌握背景场(正常场)特征与异常体影响规律的基础上,研究总场中背景场与异常场的分离方法。在获得异常场的基础上,进一步分析异常体各参数的变化对异常场的影响、分析覆盖层厚度与电阻率参数对异常场的影响。

设置异常体位于测线不同方位,通过三分量曲线的组合形态,总结异常体方位与曲线形态之间的关系;研究真空中电流环辐射磁场的空间分布特征,对比相同位置关系时异常体的异常场特征,研究两者之间的相似性。根据垂直测线时三分量响应与异常中心的指向性关系,分析水平测线时两者之间的指向性,研究适用于水平测线时的浮动系数空间交汇法。

以等效电流环理论为基础,研究依据三分量异常场的最小二乘法。将异常体看作电流环,通过浮动系数空间交汇法确定其中心位置,以电流环的尺寸、空间姿态为变量,以电流环辐射场与异常场之间的差为约束,改变各变量参数,当差值为极小值时,认为变量参数与电流环参数匹配最佳。通过电流环参数可进一步评价异常体参数。

1.4 主要成果与创新之处

1.4.1 主要成果

(1)地面-钻孔瞬变电磁法异常响应特征

以煤矿开采过程中常见的陷落柱、采空区、断层和顶板砂岩含水层等隐蔽致灾体为对象,建立地质与电性模型,采用时域有限差分法对异常体的全空间三分量响应进行数值模拟。计算结果显示,各异常体均有明显的三分量磁场响应,其中异常体 Y 分量在总场中表现明显,X、Z 分量因背景值相对较强,异常场被掩盖。各模型异常场均以"N"形和"V"形为基本形状,过零点和极值点分别指向异常中心。增大回线源尺寸能提高总场和异常场的强度,但增加幅度逐渐减弱,存在异常极限。异常响应随覆盖层电阻率降低而减弱。当异常体位于测线不同方位时,异常场三分量曲线组合形式具有唯一性。随着异常体与测线距离的变化,异常曲线形态不变。

(2)浮动系数空间交汇法对异常体空间位置的判别技术

根据等效电流环理论,电流环辐射磁场三分量矢量在空间上与电流环中心有明确的指向性。对比异常体感应涡流磁场在空间的分布特征,认为异常体在外部产生的异常磁场可以用位于异常体内部的电流环所辐射的磁场代替。研究水平测线上磁场三分量矢量对水平电流环中心的交汇特性,开发出适用于水平测线的浮动系数空间交汇算法,并建立基于 Y 方向不同距离的浮动系数表。利用浮动系数空间交汇算法及浮动系数表可获得异常体的中心位置。

　　(3) 基于电流环理论对异常体参数的反演技术

　　采用带约束的最小二乘反演算法对异常体中心坐标、半径、倾斜角度等变量进行反演计算,可获得异常体空间姿态、规模大小等信息。带约束的最小二乘反演算法以异常体的异常场为基础数据,以三维空间任意姿态的电流环为反演对象,以正演计算结果与观测数据的相对误差为目标函数,通过对背景场数据进行曲线拟合,获得异常体主要影响区段的背景场,以总场减去背景场的方法分离出异常体的异常场。浮动系数空间交汇算法提供了异常体的初始中心坐标,以目标函数为导向对电流环的参数不断进行迭代计算。对 Maxwell 软件正演的水平板状体和倾斜板状体模型的数据进行反演,中心坐标、空间姿态、尺寸均与板状体的参数高度吻合。对时域有限差分法正演的四组立方体模型结果进行反演,中心坐标和空间姿态与板状体的参数吻合较好。以地表铝板为异常体的现场试验对该反演算法进行了进一步验证。

1.4.2　创新之处

　　(1) 提出地面发射、煤矿井下水平测线接收的地面-钻孔瞬变电磁方法

　　煤矿安全生产过程中,巷道掘进前方和工作面内部水源性隐蔽致灾体是重要的探查目标体。由于当前技术的限制,尚没有方法能减少探放水钻孔对巷道前方的探查,对工作面内部的精细探查也存在方法手段的不足。针对这种现状,提出一种在地面布置大回线源进行发射,水平钻孔中接收感应二次场的瞬变电磁法。这种方法的优点在于,地面通过加大回线源面积和电流强度,可增大发射磁矩;钻孔中布置测点接收感应二次场,离目标体相对更近,异常响应更强,避免了随距离增大的衰减损失。地面发射与钻孔中接收的组合,能最大程度激发目标体,最小损失接收感应二次场,达到对目标体的最大分辨能力。

　　(2) 获得水平测线的地面-钻孔瞬变电磁法异常响应特征与各参数影响特征

　　由于测线水平布置,其与地面回线源和地下目标体的相对关系变得复杂。采用三维时域有限差分法,对给定的各种典型模型进行三维数值模拟,获得其三分量响应特征。改变异常体埋深、尺寸、电阻率差异、与测线的距离等参数,分别正演计算,获得各参数的影响特征。

　　(3) 开发基于浮动系数空间交汇与电流环反演的数据处理技术

　　水平测线的布置使得测线与异常中心的截面一般为倾斜面,其角度随异常中心与测线的高度差而变化。这使得相对于垂直测线而言,通过测点三分

量进行简单交汇实现对异常中心定位的方法,并不适用于水平测线。研究基于浮动系数空间交汇与等效电流环反演的数据处理技术,使得能通过测量的三分量响应曲线,计算目标体的空间位置、尺寸、空间姿态等重要信息,使该方法在煤矿安全生产中得到广泛的应用。

1.5 章节安排

鉴于上述研究目标、内容、方法和技术路线,各章的具体内容安排如下:

第1章为绪论。主要介绍研究背景、研究目的与意义,进而对当前煤矿存在的钻孔周围灾害性水源的探测问题进行针对性阐述,最后介绍研究内容、研究方法和技术路线,以及主要成果与创新点。

第2章为地面-钻孔瞬变电磁法基础理论。首先介绍与地面-钻孔瞬变电磁法原理相关的几种电磁现象和定律,说明常规的地面瞬变电磁法如何利用这些电磁现象制造激发源、产生感应场和接收二次场信号;继而阐述地面发射、井下水平钻孔中接收的地面-钻孔瞬变电磁法的工作装置、原理、特点与应用;然后推导载流圆形回线和矩形回线在空间任一点产生磁感应强度的解析解公式,以此为基础绘制各激发场的空间矢量图与标量图;最后以不同尺寸正方形回线源在不同深度产生的磁感应强度为数据基础,分析对不同深度测线而言,地面回线源最佳尺寸的匹配依据。

第3章介绍进行地面-钻孔瞬变电磁法正演数值模拟的矢量有限元和时域有限差分两种算法。从电磁法的麦克斯韦方程组出发,研究瞬变电磁矢量有限元法三维正演和时域有限差分法三维正演,着重介绍上述正演方法的基本原理、控制方程和实现步骤。分析各个方法的优缺点,最终确定地面-钻孔瞬变电磁法理论模型响应的计算采用时域有限差分法。

第4章为对三维空间中水源性隐蔽致灾体理论响应特征的计算与分析总结。首先针对煤矿开采过程中常见的陷落柱、采空区、断层和顶板砂岩含水层等水源性隐蔽致灾体,建立典型模型,采用时域有限差分法对各异常体的全空间三分量响应进行数值模拟,进而开展各典型模型响应特征的分析;然后考虑地面-钻孔瞬变电磁法工作过程中各参数对响应结果的影响,对回线源尺寸、低阻覆盖层、异常体方位、异常体规模和距离这五方面因素的影响进行数值模拟,进而开展各因素的变化对响应特征影响规律的分析;最后,以仪器精度和大地电磁噪声为基本阈值,设定叠加次数,确定可分辨最小信号,从测线深度改变时总场三个分量的强度与最小信号阈值之间的相对关系探讨地面-钻孔瞬变电磁法探测深度问题。

　　第 5 章为研究利用异常体感应涡流场的磁场三分量对异常体中心位置进行定位的算法。首先研究水平电流环辐射磁场的三个分量与电流环中心的指向性关系；其次通过比较电流环的磁场分布与异常体涡流场磁场分布两者之间的相似性，论证电流环等效异常体涡流场的可行性；进而依据电流环磁场三分量的指向性，研究利用异常体感应涡流场的磁场三分量对异常体中心坐标进行定位的算法。

　　第 6 章基于异常体感应涡流场的三个分量，以等效电流环为依据，将异常体近似等效为电流环，以电流环中心坐标、空间姿态、半径等关键参数为目标，以带约束的最小二乘法反演算法为手段，实现异常体的空间定位技术。首先，给出任意倾斜角度电流环辐射磁场的计算公式，为反演提供正演基础；然后，以最小拟合差为目标函数，确定最小二乘反演算法；最后，从麦克斯韦计算的板状体结果、有限差分计算的立方体结果和试验采集的铝板数据这三个方面，对反演算法进行验算，以确定算法的有效性和可靠性。

　　第 7 章为总结与展望。首先总结本书的研究内容与主要研究成果，然后给出研究过程中的不足及今后研究方向。

第2章 地面-钻孔瞬变电磁法基础理论

2.1 瞬变电磁现象

2.1.1 法拉第感应定律、毕奥-萨伐尔定律和楞次定律

（1）法拉第感应定律

法拉第在 1831 年的一次实验中发现，当穿过闭合线圈的磁通量随时间发生变化时，闭合线圈中会有电流产生。这个实验表明，变化的磁通量产生了感应电动势，当闭合线圈为导体时，感应电动势导致的感应电流随之产生。对磁通量的变化而言，其可以由穿过闭合线圈的磁通量随时间的变化产生，也可以是在一个静态的磁场中改变闭合线圈的面积产生，或者是两者共同作用，即在一个随时间变化的磁场中改变闭合线圈的面积[109-110]。

（2）毕奥-萨伐尔定律

1820 年，奥斯特在实验过程中发现载流导线旁边的磁针因为电流的变化而发生偏转，证明了电流能产生磁场。在此发现后不久，毕奥-萨伐尔（Biot-Savart）用实验建立了载流导体在某点产生的磁通量密度的公式[100]。如图 2-1 所示，载有恒定电流 I 的导线，每一段线源 $\mathrm{d}l$ 在点 P 产生的磁通量密度为

$$\mathrm{d}\boldsymbol{B} = \mu_0 \frac{I\mathrm{d}\boldsymbol{l} \times \boldsymbol{a}_{\mathrm{R}}}{4\pi R^2} \tag{2-1}$$

式中　$\mathrm{d}\boldsymbol{B}$——磁通量密度元，T；

　　　$\mathrm{d}l$——电流方向的导线线元；

　　　$\boldsymbol{a}_{\mathrm{R}}$——由 $\mathrm{d}l$ 指向点 P 的单位矢量；

　　　R——从电流元 $\mathrm{d}l$ 到点 P 的距离；

μ_0——自由空间的磁导率，$\mu_0 = 4\pi \times 10^{-7}$ H/m。

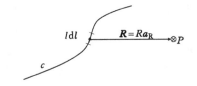

图 2-1　电流元在点 P 产生的磁通密度

电流方向与其产生磁场方向之间的关系可以用右手螺旋法则表示，即当右手大拇指指向电流方向时，磁场方向为其余手指弯曲时指向的方向。

（3）楞次定律

法拉第感应定律表明变化的磁通量能在闭合的导线线圈中产生感应电流，奥斯特发现载流导线能产生磁场[111]。对一个闭合导线线圈而言，因磁通量变化产生感应电流后，感应电流又产生磁场。那么，新产生的磁场与原先的磁场之间如何互相影响呢？楞次定律表述为：感生电动势总是要阻碍引起感生电动势的磁通量的变化。当闭合线圈内磁场磁通量增加时，感生的磁场与之方向相反；当闭合线圈内磁场磁通量减小时，感生的磁场与之方向相同[112]。

因此，对一个 N 匝的闭合线圈而言，磁通量变化引起的感生电动势为

$$emf = -N\frac{\mathrm{d}\phi}{\mathrm{d}t} \tag{2-2}$$

式中　emf——感生电动势，V；

$\mathrm{d}\phi$——磁通量变化元，T·m^2；

$\mathrm{d}t$——时间变化元，s。

2.1.2　瞬变电磁法

以法拉第感应定律、毕奥-萨伐尔定律、楞次定律等电磁理论为基础，地球物理学家发明了瞬变电磁法。20 世纪 40 年代苏联学者吉洪诺夫建立了远区建场测深法进行油气田地质构造的探查，1951 年 J. R. Wait 首先提出了利用瞬变电磁法寻找导电矿体的概念，其本质均为利用电磁感应原理。如今，瞬变电磁法已经成为电法勘探中的主流方法，应用于地下水、地层构造、地热的探测工程中。以煤田电法勘探中常见的大回线瞬变电磁法为例，对其工作方式进行说明[113-114]。

（1）激发源

大回线瞬变电磁法采用铺设在地面的不接地回线作为电流载体，在供电

时形成激发源。回线一般为正方形,尺寸在数百米到一千米左右。煤田瞬变电磁法使用的回线源尺寸一般至少为 240 m×240 m,大的有 1 080 m×1 080 m。大回线载入的电流为直流电,稳定的电流形成静磁场。回线形状和尺寸决定静磁场的空间分布,电流强度决定静磁场的强弱。足够强的稳定的静磁场使地下介质具有了初始的磁通量,具备产生电磁感应现象的基础。

(2)瞬变电磁现象

在静磁场建立后,足够快地截断大回线中的电流,使静磁场的源瞬间消失,则地下介质的磁通量减小为零。根据电磁感应现象,为阻碍磁通量的变化,大地瞬间产生感应电动势,随之形成感应电流,辐射新的磁场,以填补原先静磁场的消失。将大回线截断电流后地下介质的感应电流所辐射的磁场称为二次场。二次场为感应电流的磁场表达,随着感应电流的热损耗,二次场强度随感应电流的衰减而减小。

(3)接收

一般通过接收二次场随时间的强度变化,对地下介质进行解译。感应电流的强度除了与已知的回线形状、尺寸、电流强度相关外,其主要影响因素为未知的地下介质电阻率。通过获取感应电流的强度,可反推地下介质的电阻率。二次场强度或其随时间的变化率能被有效采集到,故一般采集二次场强度或二次场强度随时间变化的梯度。使用磁棒可直接采集二次场强度,使用多匝闭合线圈可采集二次场强度随时间变化的梯度。

(4)工作形式

激发源与接收测点的相对位置关系称为工作形式。一般为地面瞬变电磁法,即地面发射、地面接收。地面发射、井中接收称为地面-钻孔瞬变电磁法。地面发射、空中接收称为地-空瞬变电磁法。空中发射、空中接收称为航空瞬变电磁法。地下发射、地下接收称为矿井瞬变电磁法[115-116]。

2.2　地面-钻孔瞬变电磁法工作装置与应用

2.2.1　垂直井

垂直井的地面-钻孔瞬变电磁法针对地面的垂直井进行工作,是为了勘查深部矿产资源而发展起来的技术。其发射源为地面大回线,接收测点布置在垂直钻孔中。现有仪器能够测量的钻孔深度达到约 2 000 m,影响半径可超过 200 m。该方法发展初期只采集钻孔轴向的 Z 分量,现在可采集全部三个分量。

当需要对相距不远的多个垂直钻孔进行观测时,一般只铺设一个回线源,通过不同钻孔中的异常变化对旁侧异常体的空间位置和形态等信息进行分析判断;当只有一个钻孔时,需要在地面相对于钻孔的 5 个不同方位分别铺设回线源,获得不同激发后的异常变化,通过这些异常特征对电性异常体的位置、形状等进行判断。

垂直井的地面-钻孔瞬变电磁法主要应用于金属矿电法勘探领域,以钻孔旁侧的盲矿体为探测目标,获得目标体的空间位置、形态大小、产状和方位等有用信息,指导下一步钻孔布置、矿床储量计算等工作。

2.2.2 水平井

在煤矿开采过程中,形成了众多近水平的巷道和工作面,巷道周边、掘进前方、工作面内部水源性隐蔽致灾体的探测成为需要解决的地质问题。巷道掘进前方水源性隐蔽致灾体的超前物探技术主要有地震反射波法、瑞雷波法、地质雷达法、矿井瞬变电磁法、矿井直流电阻率法、红外测温法等;工作面内部探测的物探方法有槽波、无线电波透视、音频电透视等。这些物探方法在以往实践中可提前发现灾害性地质异常体,在保障矿井安全生产方面发挥了巨大的作用,但仍存在探测距离和精度的不足。当对采煤工作面底板的灰岩含水层进行注浆改造时,陷落柱、岩溶、断层等异常体的井下探测目前仍存在技术缺口。目前这些难题只能通过施工钻孔来尝试解决。若施工钻孔过密,时间和费用将大幅增加;钻孔过疏,则可能漏掉钻孔之间的异常体。

地面-钻孔瞬变电磁法因其具有较好的分辨率已成为能取得良好探测效果的潜在手段。因机理相同,普遍认为地面-钻孔瞬变电磁法也能应用于煤矿巷道或水平钻孔中,可对旁侧的水源性隐蔽致灾体进行探测。相比地面发射、地面接收的常规瞬变电磁法,地面-钻孔瞬变电磁法采用相同的发射装置,但将接收点转移到井下巷道中。这种工作装置的优点是:地面发射源可将回线源和电流尽量加大,增加发射磁矩以尽量激发地下积水采空区;巷道或钻孔布置的测点距离异常体更近,最大限度地减少二次场的距离损失。理论上,地面-钻孔瞬变电磁法对水源性隐蔽致灾体具有更强的分辨能力。

2.3 回线磁源的激发场

2.3.1 圆形回线

(1)圆形载流回线的磁场

圆形回线在电法勘探书籍中往往作为一种经典激发源而存在,计算其激发场对于理解瞬变电磁法具有重要意义[117]。在自由空间中建立笛卡尔坐标系、圆柱坐标系和球坐标系,如图 2-2 所示定义 Z 分量向上为正,回线位于 XY 平面内,中心点为坐标原点 O,半径为 R,载入的电流强度为 I。计算点 P 坐标为 $P(x,y,z)$ 和 $P(\rho,\phi,z)$。

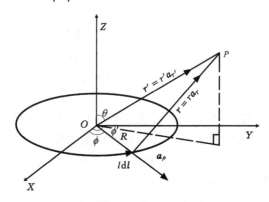

图 2-2   载流环在空间任意一点产生的磁场

由图可以看出,对于空间内任意点的磁场三分量响应可以根据毕奥-萨伐尔定律计算

$$\mathrm{d}\boldsymbol{B} = \frac{\mu_0 I \, \mathrm{d}\boldsymbol{l} \times \boldsymbol{r}}{4\pi r^3} \tag{2-3}$$

式中　$\mathrm{d}\boldsymbol{l}$——电流元;

　　　$\boldsymbol{r}$——电流元到计算点 P 的矢量;

　　　r——电流元到计算点 P 的长度。

已知下列关系式:

$$\begin{cases} \mathrm{d}\boldsymbol{l} = R\mathrm{d}\phi \, \boldsymbol{a}_\phi \\ \boldsymbol{r} = r\boldsymbol{a}_r \\ \boldsymbol{r}' = r'\boldsymbol{a}_{r'} \\ \boldsymbol{R} = R\boldsymbol{a}_\rho \\ \boldsymbol{r} = \boldsymbol{r}' - \boldsymbol{R} = r'\boldsymbol{a}_{r'} - R\boldsymbol{a}_\rho \end{cases} \tag{2-4}$$

式中　$\mathrm{d}\phi$——圆柱坐标系中角度的微分;

　　　$\boldsymbol{a}_\phi$——单位矢量;

　　　$\boldsymbol{a}_r$——电流元到计算点 P 的单位矢量;

　　　$\boldsymbol{r}'$——坐标原点到计算点 P 的矢量;

　　　r'——坐标原点到计算点 P 的长度;

$a_{r'}$——球坐标系单位矢量;

R——圆半径沿计算点 P 在 XOY 平面投影的矢量;

a_ρ——圆柱坐标单位矢量。

可得到计算点 P 处的磁通量密度微分:

$$\mathrm{d}\boldsymbol{B} = \frac{\mu_0 I}{4\pi r^3}[R\mathrm{d}\phi\,\boldsymbol{a}_\phi \times (r'\,\boldsymbol{a}_{r'} - R\,\boldsymbol{a}_\rho)] \tag{2-5}$$

根据球坐标与圆柱坐标到笛卡尔坐标的转换关系

$$\begin{bmatrix} \boldsymbol{a}_{r'} \\ \boldsymbol{a}_\theta \\ \boldsymbol{a}_\phi \end{bmatrix} = \begin{bmatrix} \sin\theta\cos\phi & \sin\theta\sin\phi & \cos\theta \\ \cos\theta\cos\phi & \cos\theta\sin\phi & -\sin\theta \\ -\sin\phi & \cos\phi & 0 \end{bmatrix} \begin{bmatrix} \boldsymbol{a}_x \\ \boldsymbol{a}_y \\ \boldsymbol{a}_z \end{bmatrix} \tag{2-6}$$

$$\begin{bmatrix} \boldsymbol{a}_\rho \\ \boldsymbol{a}_\phi \\ \boldsymbol{a}_z \end{bmatrix} = \begin{bmatrix} \cos\phi & \sin\phi & 0 \\ -\sin\phi & \cos\phi & 0 \\ 0 & 0 & 1 \end{bmatrix} \begin{bmatrix} \boldsymbol{a}_x \\ \boldsymbol{a}_y \\ \boldsymbol{a}_z \end{bmatrix} \tag{2-7}$$

式中　$a_{r'}, a_\theta, a_\phi$——球坐标系单位矢量;

a_ρ, a_ϕ, a_z——圆柱坐标系单位矢量;

a_x, a_y, a_z——笛卡尔坐标系单位矢量。

可以得出:

$$\begin{cases} \boldsymbol{a}_\phi = -\sin\phi\,\boldsymbol{a}_x + \cos\phi\,\boldsymbol{a}_y \\ \boldsymbol{a}_{r'} = \sin\theta\cos\phi'\,\boldsymbol{a}_x + \sin\theta\sin\phi'\,\boldsymbol{a}_y + \cos\theta\,\boldsymbol{a}_z \\ \boldsymbol{a}_\rho = \cos\phi\,\boldsymbol{a}_x + \sin\phi\,\boldsymbol{a}_y \end{cases} \tag{2-8}$$

进一步得到:

$$\mathrm{d}\boldsymbol{B} = \frac{\mu_0 IR\mathrm{d}\phi}{4\pi r^3}[z\cos\phi\,\boldsymbol{a}_x + z\sin\phi\,\boldsymbol{a}_y + (R - x\cos\phi - y\sin\phi)\boldsymbol{a}_z] \tag{2-9}$$

则电流环产生的三分量磁场表达式为:

$$\begin{cases} B_x = \dfrac{\mu_0 IR}{4\pi}\displaystyle\int_0^{2\pi} \dfrac{z\cos\phi}{r^3}\mathrm{d}\phi \\[3mm] B_y = \dfrac{\mu_0 IR}{4\pi}\displaystyle\int_0^{2\pi} \dfrac{z\sin\phi}{r^3}\mathrm{d}\phi \\[3mm] B_z = \dfrac{\mu_0 IR}{4\pi}\displaystyle\int_0^{2\pi} \dfrac{R - x\cos\phi - y\sin\phi}{r^3}\mathrm{d}\phi \end{cases} \tag{2-10}$$

式中: $r = \sqrt{(x - R\cos\phi)^2 + (y - R\sin\phi)^2 + z^2}$。

（2）空间分布特征

通电的圆形回线在空间中产生具有方向性的磁场,即矢量场,在空间各点的磁场既有强度的改变又有方向的变化[118]。将圆形回线的半径设置为 400 m,通以逆时针方向、大小为 1 A 的电流,测线位于回线中心的正下方,利用公式(2-10)计算出圆形回线通电后在空间各点产生的磁场三分量 B_x、B_y、B_z,然后绘制一次场沿 XZ 平面分布图(图 2-3)和 XY 平面不同深度分布图(图 2-4、图 2-5)。

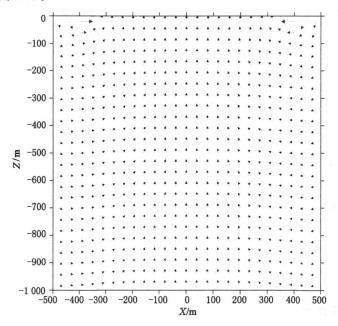

图 2-3　XZ 平面($Y=0$ m)的一次场矢量图(圆形回线)

从图 2-3 可以看出,各点磁场矢量的方向均满足右手螺旋法则,且相对$X=$ 0 m 呈轴对称。在远离该轴处,矢量逐渐指向水平,而靠近该轴时矢量逐渐指向垂上方。在回线源附近,矢量方向围绕回线分布。图 2-4 显示,磁力线均指向回线中心,呈圆对称分布。在回线源位置附近,出现一圈急剧增长的矢量,说明该处磁感应强度急剧增加。图 2-5 显示,磁力线均指向回线中心,呈圆对称分布。距离圆心远处,矢量长度明显变长,而中心处的矢量长度相对较短,说明远处的磁力线更多地指向水平方向,而中心处的磁力线更多地指向垂直方向。

为研究圆形回线源一次磁场的强度分布,将计算的一次场强度沿 XZ 平面 ($Y=0$ m)、XY 平面 ($Z=-400$ m)的结果绘制为等值线图,分别见图 2-6、图 2-7。

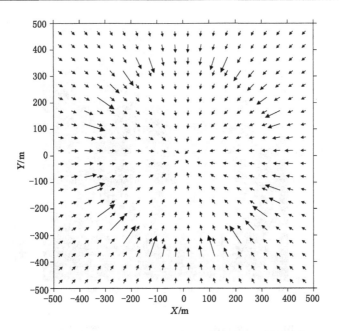

图 2-4　XY 平面（$Z=-10$ m）的一次场矢量图（圆形回线）

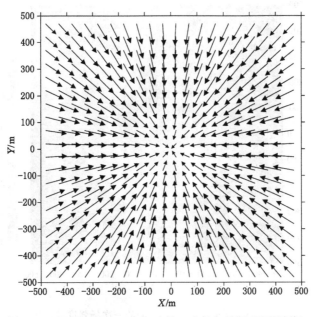

图 2-5　XY 平面（$Z=-400$ m）的一次场矢量图（圆形回线）

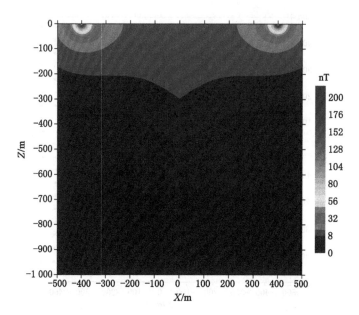

图 2-6 XZ 平面($Y=0$ m)的一次场强度等值线图

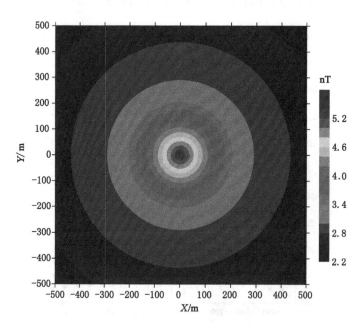

图 2-7 XY 平面($Z=-400$ m)的一次场强度等值线图

由图 2-6 可见,场强最大值在回线源附近分布,随着与回线距离的增加,场强迅速减小。当距离增加到一定程度后,场强减小的程度趋缓。由图 2-7可见,磁感应强度呈现圆对称分布,其中圆中心处场强最大,其他区域随着与圆中心距离的增加,场强随之减小。

2.3.2 长方形回线

(1) 有限长载流直导线的磁场

如图 2-8 所示,Z 轴上一根由 $z=a$ 至 $z=b$ 的有限长导线,载有电流 I,计算点 P 位于 XOY 平面。

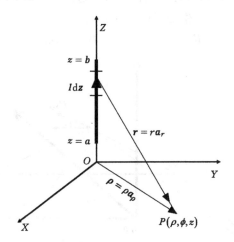

图 2-8 载流直导线在空间任意一点产生的磁场

取导线上一段电流元 $\mathrm{d}l$,有:

$$\mathrm{d}l = \mathrm{d}z\, a_z \tag{2-11}$$

式中 $\mathrm{d}z$——z 方向微分;

a_z——z 方向单位矢量。

进一步有:

$$r = \rho\, a_\rho - z\, a_z \tag{2-12}$$

式中 a_ρ——ρ 方向单位矢量。

则计算点 P 处的磁通量密度元为:

$$\mathrm{d}B = \frac{\mu_0 I\, \mathrm{d}l \times r}{4\pi r^3} = \frac{\mu_0 I}{4\pi r^3}\left[\mathrm{d}z\, a_z \times (\rho\, a_\rho - z\, a_z)\right] = \frac{\mu_0 I \rho \mathrm{d}z}{4\pi r^3}\, a_\phi \tag{2-13}$$

该处的磁通量密度为:

$$\boldsymbol{B} = \frac{\mu_0 I \rho}{4\pi} \int_a^b \frac{\mathrm{d}z}{(\rho^2 + z^2)^{3/2}} \boldsymbol{a}_\phi = \frac{\mu_0 I}{4\pi\rho} \left(\frac{b}{\sqrt{\rho^2 + b^2}} - \frac{a}{\sqrt{\rho^2 + a^2}} \right) \boldsymbol{a}_\phi \quad (2\text{-}14)$$

由公式可知,载流直导线产生的磁场在导线延伸方向没有分量。

(2) 矩形载流回线的磁场

设定矩形回线位于 XOY 面内,边长分别为 $2a$ 和 $2b$,回线中心为坐标原点 $O(0,0,0)$,回线中载入强度为 I 的电流,见图 2-9。对每个电流元,其产生的磁通量密度可以由毕奥-萨伐尔定律计算。将电流元产生的磁通量密度沿着回线的 4 条边分别积分,可分别得到各条边的磁通量密度。空间某点 P 的磁通量密度为回线各边产生磁场的总和,即:

$$\boldsymbol{B} = \boldsymbol{B}_{AB} + \boldsymbol{B}_{BC} + \boldsymbol{B}_{CD} + \boldsymbol{B}_{DA} \quad (2\text{-}15)$$

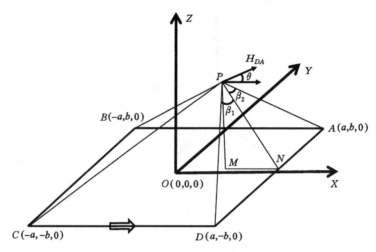

图 2-9　矩形回线在空间某点产生的磁场

以 DA 边为例,对其产生的磁场进行求取。

点 P 到点 D 的距离为:$|PD| = \sqrt{(x-a)^2 + (y+b)^2 + z^2}$。

点 P 到点 A 的距离为:$|PA| = \sqrt{(x-a)^2 + (y-b)^2 + z^2}$。

点 P 到 DA 的距离为:$|PN| = \sqrt{(x-a)^2 + z^2}$。

$$\sin \beta_1 = \frac{|ND|}{|PD|} = \frac{b+y}{\sqrt{(x-a)^2 + (y+b)^2 + z^2}}$$

$$\sin \beta_2 = \frac{|NA|}{|PA|} = \frac{b-y}{\sqrt{(x-a)^2 + (y-b)^2 + z^2}}$$

代入式(2-14)得:

$$\boldsymbol{B}_{DA} = \frac{\mu_0 I}{4\pi} \frac{1}{\sqrt{(x-a)^2 + z^2}} \cdot$$

$$\left[\frac{y+b}{\sqrt{(x-a)^2 + (y+b)^2 + z^2}} - \frac{b-y}{\sqrt{(x-a)^2 + (y-b)^2 + z^2}} \right]$$

$$(2-16)$$

由于 DA 垂直于 XOZ 平面,其产生的磁场平行于 XOZ 平面,即 $\boldsymbol{B}_{DA}$ 只有水平分量 X' 和垂直分量 Z',而水平分量 Y' 为 0。

由于 $\theta = \angle \mathrm{MPN}$,故

$$\sin \theta = \left| \frac{MN}{PN} \right| = \frac{a-x}{\sqrt{(x-a)^2 + z^2}}$$

$$\cos \theta = \left| \frac{MP}{PN} \right| = \frac{z}{\sqrt{(x-a)^2 + z^2}}$$

所以:

$$\boldsymbol{B}_{xDA} = \boldsymbol{B}_{DA} \cdot \cos \theta$$

$$= \frac{\mu_0 I}{4\pi} \cdot \frac{z}{(x-a)^2 + z^2} \cdot$$

$$\left[\frac{y+b}{\sqrt{(x-a)^2 + (y+b)^2 + z^2}} - \frac{b-y}{\sqrt{(x-a)^2 + (y-b)^2 + z^2}} \right]$$

$$(2-17)$$

$$\boldsymbol{B}_{yDA} = 0 \qquad (2-18)$$

$$\boldsymbol{B}_{zDA} = \boldsymbol{B}_{DA} \cdot \sin \theta$$

$$= \frac{\mu_0 I}{4\pi} \cdot \frac{a-x}{(x-a)^2 + z^2} \cdot$$

$$\left[\frac{b+y}{\sqrt{(x-a)^2 + (y+b)^2 + z^2}} - \frac{b-y}{\sqrt{(x-a)^2 + (y-b)^2 + z^2}} \right]$$

$$(2-19)$$

同理,BC 边在点 P 产生的磁场为:

$$\boldsymbol{B}_{BC} = \frac{\mu_0 I}{4\pi} \frac{1}{\sqrt{(x+a)^2 + z^2}} \cdot$$

$$\left[\frac{b-y}{\sqrt{(x+a)^2 + (y-b)^2 + z^2}} - \frac{b+y}{\sqrt{(x+a)^2 + (y+b)^2 + z^2}} \right]$$

$$(2-20)$$

$$\boldsymbol{B}_{xBC} = \frac{\mu_0 I}{4\pi} \cdot \frac{z}{(x+a)^2 + z^2} \cdot$$

$$\left[\frac{b-y}{\sqrt{(x+a)^2+(y-b)^2+z^2}}-\frac{b+y}{\sqrt{(x+a)^2+(y+b)^2+z^2}}\right]$$

$$(2-21)$$

$$\boldsymbol{B}_{yBC}=0 \qquad (2-22)$$

$$\boldsymbol{B}_{zBC}=\frac{\mu_0 I}{4\pi}\cdot\frac{x+a}{(x+a)^2+z^2}\cdot$$

$$\left[\frac{b-y}{\sqrt{(x+a)^2+(y-b)^2+z^2}}-\frac{b+y}{\sqrt{(x+a)^2+(y+b)^2+z^2}}\right]$$

$$(2-23)$$

CD 边在点 P 产生的磁场为：

$$\boldsymbol{B}_{CD}=\frac{\mu_0 I}{4\pi\sqrt{(y+b)^2+z^2}}\cdot$$

$$\left[\frac{a+x}{\sqrt{(x+a)^2+(y+b)^2+z^2}}-\frac{a-x}{\sqrt{(x-a)^2+(y+b)^2+z^2}}\right]$$

$$(2-24)$$

$$\boldsymbol{B}_{xCD}=0 \qquad (2-25)$$

$$\boldsymbol{B}_{yCD}=\frac{\mu_0 I}{4\pi}\cdot\frac{z}{(y+b)^2+z^2}\cdot$$

$$\left[\frac{a+x}{\sqrt{(x+a)^2+(y+b)^2+z^2}}-\frac{a-x}{\sqrt{(x-a)^2+(y+b)^2+z^2}}\right]$$

$$(2-26)$$

$$\boldsymbol{B}_{zCD}=\frac{\mu_0 I}{4\pi}\cdot\frac{y+b}{(y+b)^2+z^2}\cdot$$

$$\left[\frac{a+x}{\sqrt{(x+a)^2+(y+b)^2+z^2}}-\frac{a-x}{\sqrt{(x-a)^2+(y+b)^2+z^2}}\right]$$

$$(2-27)$$

AB 边在点 P 产生的磁场为：

$$\boldsymbol{B}_{AB}=\frac{\mu_0 I}{4\pi\sqrt{(y-b)^2+z^2}}\cdot$$

$$\left[\frac{a-x}{\sqrt{(x-a)^2+(y+b)^2+z^2}}-\frac{a+x}{\sqrt{(x+a)^2+(y-b)^2+z^2}}\right]$$

$$(2-28)$$

$$\boldsymbol{B}_{xAB}=0 \qquad (2-29)$$

$$\boldsymbol{B}_{yAB}=\frac{\mu_0 I}{4\pi}\cdot\frac{z}{(y-b)^2+z^2}\cdot$$

$$\left[\frac{a-x}{\sqrt{(x-a)^2+(y-b)^2+z^2}} - \frac{a+x}{\sqrt{(x+a)^2+(y-b)^2+z^2}} \right]$$

$$(2\text{-}30)$$

$$\boldsymbol{B}_{zAB} = \frac{\mu_0 I}{4\pi} \cdot \frac{y-b}{(y-b)^2+z^2} \cdot$$

$$\left[\frac{a-x}{\sqrt{(x-a)^2+(y-b)^2+z^2}} - \frac{a+x}{\sqrt{(x+a)^2+(y-b)^2+z^2}} \right]$$

$$(2\text{-}31)$$

综合以上计算公式,矩形载流回线在空间计算点 P 产生的磁场各分量为:

$$\begin{cases} \boldsymbol{B}_x = \boldsymbol{B}_{xAB} + \boldsymbol{B}_{xBC} + \boldsymbol{B}_{xCD} + \boldsymbol{B}_{xDA} \\ \boldsymbol{B}_y = \boldsymbol{B}_{yAB} + \boldsymbol{B}_{yBC} + \boldsymbol{B}_{yCD} + \boldsymbol{B}_{yDA} \\ \boldsymbol{B}_z = \boldsymbol{B}_{zAB} + \boldsymbol{B}_{zBC} + \boldsymbol{B}_{zCD} + \boldsymbol{B}_{zDA} \end{cases}$$

$$(2\text{-}32)$$

(3) 空间分布特征

设置 600 m×300 m 的长方形回线作为发射源,载有 1 A 的逆时针方向电流,利用以上公式可计算不同平面上的激发场。分别绘制一次场在 XZ 平面($Y=0$ m)、YZ 平面($X=0$ m)、XY 平面($Z=-400$ m)的矢量图,见图 2-10 至图 2-12。

图 2-10 显示,一次场矢量左右对称,整体指向矩形回线源平面,符合右手螺旋法则。相对而言,距离回线源近的矢量场相对更强,符合磁场辐射规律。在回线源附近,磁力线围绕回线分布,说明该处磁场主要受单条回线的影响。图 2-11 显示的矢量场分布规律与图 2-10 相似,均表现了回线源下方垂向平面上磁场的分布特征。不同之处在于,该方向上回线源边长较短,两条长边之间垂向上指向的"均匀场"分布区域相对减小。图 2-12 显示距离回线源400 m 远处与之平行平面上磁场的分布,图中矢量箭头均指向中心,呈现上下左右及斜对角对称的分布特征,符合长方形回线源一次磁场的分布规律。

为研究长方形回线源一次磁场的强度分布,将计算的一次场强度沿 XZ 平面($Y=0$ m)、YZ 平面($X=0$ m)平面、XY 平面($Z=-400$ m)平面的结果绘制等值线图,分别见图 2-13 至图 2-15。

图 2-13 显示,一次场强度总体呈现浅部强、深部弱的分布特征,其中在回线附近,磁场出现最强值,这说明磁感应强度主要受与回线源距离变化的影响。在梯度变化方面,随着距离回线源更远,磁感应强度变化逐渐减慢。在一定深度以后,磁场在纵向和横向上的变化已非常小。在回线源中间部分区域,场强的变化非常小,这常被地面瞬变电磁法当作均匀场处理。图 2-14 显示的

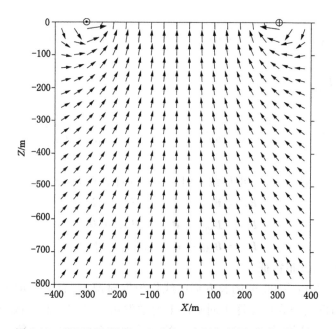

图 2-10　XZ 平面(Y＝0 m)时的一次场矢量图（长方形回线）

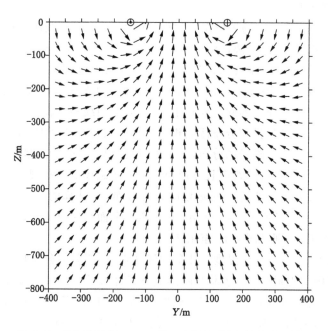

图 2-11　YZ 平面(X＝0 m)的一次场矢量图（长方形回线）

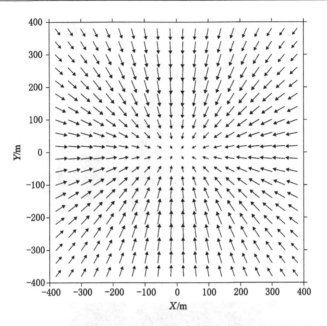

图 2-12　XY 平面($Z=-400$ m)的一次场矢量图(长方形回线)

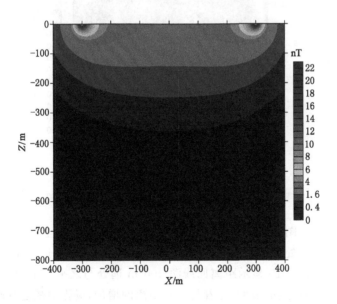

图 2-13　XZ 平面($Y=0$ m)的一次场标量图

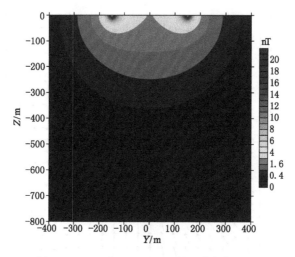

图 2-14　YZ 平面($X=0$ m)的一次场标量图

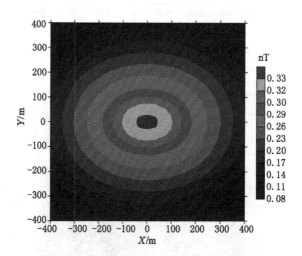

图 2-15　XY 平面($Z=-400$ m)的一次场标量图

场强分布规律与图 2-13 相似,均表现回线源下方垂向平面上磁感应强度的分布特征。不同之处在于,该方向上回线源边长较短,两条长边之间的均匀场区域随之减小。图 2-15 显示距离回线源 400 m 远处与之平行平面上磁感应强度的分布,中间场强值最大,随着与中心距离的增加,场强值随之衰减,呈现椭圆形的分布特征。椭圆的长、短边与回线源长、短边方向一致,符合磁场分布规律。

2.3.3　正方形回线

（1）正方形载流回线的磁场

令 $a=b$，代入本节相关公式，可得正方形回线在空间计算点 P 产生的磁场。

（2）空间分布特征

设置 600 m$\times 600$ m 的正方形回线作为发射源，载有 1 A 的逆时针方向电流，可计算不同平面上的激发场。分别绘制一次磁场在 XZ 平面 $(Y=0$ m$)$、XY 平面 $(Z=-400$ m$)$ 的矢量图（正方形回线源在 XZ、YZ 两个平面上场的分布一致），见图 2-16、图 2-17。

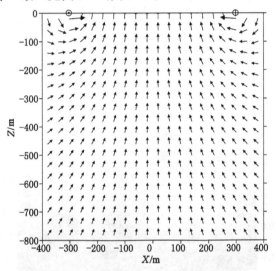

图 2-16　XZ 平面 $(Y=0$ m$)$ 的一次场矢量图（正方形回线）

由图 2-16 可以看出，正方形回线激发源在 XZ 平面 $(Y=0$ m$)$ 上产生的磁场矢量分布特征与长方形的结果基本一致，均呈现整体指向上方，在回线源附近围绕的特征。同样，在 XY 平面 $(Z=-400$ m$)$ 上的矢量分布与长方形结果也类似（对比图 2-12 与图 2-17）。

为研究正方形回线源一次磁场的强度分布，将计算的一次场强度在 XZ 平面 $(Y=0$ m$)$、XY 平面 $(Z=-400$ m$)$ 的结果绘制等值线图，分别见图 2-18、图 2-19。

从图 2-18 可以看出，正方形回线产生的一次场主要分布在回线周围，随着与回线中心点距离的增加，场强逐渐减小。正方形回线源激发的一次磁场分布与长方形的结果相似。从图 2-19 可以看出，XY 平面 $(Z=-400$ m$)$ 中一

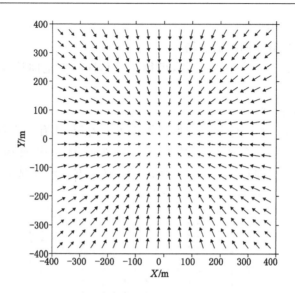

图 2-17 XY 平面($Z=-400$ m)的一次场矢量图（正方形回线）

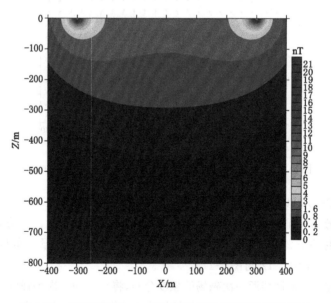

图 2-18 XZ 平面($Y=0$ m)的一次场标量图（正方形回线）

次场强度等值线基本呈圆形分布，在中心处场强最强，远处的磁场逐渐减弱，与圆回线时情形基本一致。

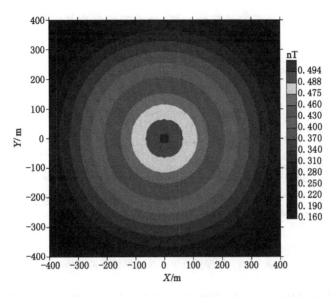

图 2-19　XY 平面（$Z=-400$ m）的一次场标量图（正方形回线）

2.4　回线尺寸的选择

在地面瞬变电磁法施工中，从方便施工的角度，常采用正方形的大回线作为激发源，最佳回线尺寸一般默认为最大探测深度。井地瞬变电磁法也采用地面回线源激发，回线尺寸的选择应有充分的理论依据。根据地面-钻孔瞬变电磁法的工作原理，地面回线源的作用为使探测的目标体产生尽量强的电磁感应现象，即在目标处产生最强的一次磁场。为简化分析，设定目标体位于回线源中心不同深度处，通过不同回线源在不同深度产生的磁感应强度，探讨回线尺寸的选择依据。

图 2-20 为固定深度处采用不同尺寸回线源激发时获得的磁感应强度。图中显示使用 120 m、240 m、360 m、480 m、600 m、720 m、840 m、960 m 共 8 种尺寸回线分别激发时，在 -100 m、-200 m、-300 m、-400 m、-500 m、-600 m、-700 m、-800 m 共 8 个深度处产生的磁感应强度变化，绘制了 8 条曲线。由图可见，对 -100 m 处的深度点，采用 240 m 的回线源激发时获得最强的磁场，更小或更大尺寸的回线源，在该深度点的磁感应强度都相应减弱；对 -200 m 处的深度点，采用 480 m 的回线源激发时获得最强的磁场，更小或更大尺寸的回线源，在该深度点的磁感应强度都相应减弱。曲线规律表

明,为使某固定深度处激发最强的磁场,地面回线源有其匹配的尺寸,并不是越大越好。

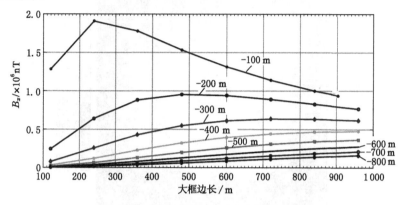

图 2-20 各深度点不同尺寸回线源的磁场

图 2-21 为各固定尺寸回线源在不同深度处产生的磁感应强度,共显示 8 条曲线,分别代表 120 m、240 m、360 m、480 m、600 m、720 m、840 m、960 m 8 种尺寸回线源的一次磁场结果。由图可见,对小尺寸回线,其在浅部产生相对较强的磁场,然后快速衰减,在深部的磁感应强度相对较弱;对大尺寸回线,其在浅部产生的磁感应强度相对较弱,但在较大深度上保持稳定,衰减速度相对较慢,在深部的磁场仍相对较强。因此,如要使浅部目标体更强地被激发,应选择相对小尺寸的回线源;反之则选择相对大尺寸的回线源。

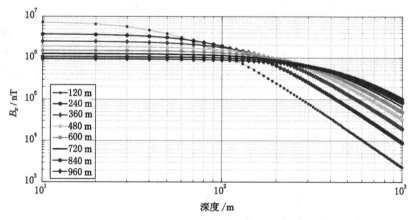

图 2-21 各尺寸回线源在不同深度处产生的磁场

综合以上分析可得,不同尺寸回线源在地下激发的场的分布各不相同,小尺寸回线源能使浅部产生更强的磁场,大尺寸回线源能使深部产生更强的磁场。根据探测深度选择同等长度的回线尺寸或选择尽量大的回线尺寸,均不适用于井地瞬变电磁法。

当探测目标层的埋深确定时,从一次场强度的空间分布角度可确定地面回线源的最佳尺寸。以圆形回线中心磁场在不同深度的强度分布为依据,根据式(2-10)可得,当 $x=y=0$ 时,有:

$$B_z = \frac{\mu_0 I}{2} \cdot \frac{R^2}{\sqrt{(R^2 + z^2)^{\frac{3}{2}}}} \tag{2-33}$$

对上式中 R 求导,令 $B'_z=0$,可得

$$R = \sqrt{2} \cdot z \tag{2-34}$$

上式表明,要使固定埋深的目标层获得最强一次场的激发,需要地面回线源半径约为埋深的 1.4 倍。

实际工作中,常采用正方形回线进行一次场激发。由于正方形回线源一次场解析解的复杂性,以相同面积对圆形回线的面积进行换算,得:

$$L = \sqrt{2\pi} \cdot z \tag{2-35}$$

式中　L——正方形回线源的边长,m。

可见,实际工作中正方形回线源的尺寸可选择为目标层埋深的 2.5 倍。

回线源尺寸的选择还需考虑测点的点线距、实际地形、关断时间等因素。其中,地面-钻孔瞬变电磁探测目标体的埋深和测线深度可参考图 2-20 和图 2-21 的曲线,以便确定回线源的尺寸。

2.5　小　　结

地面-钻孔瞬变电磁法采用地面回线源激发的方式,使大地和目标体产生瞬变电磁现象,通过在井下布置的测点采集感应二次磁场,来获取地下目标体信息。相比常规的地面瞬变电磁法,地面-钻孔瞬变电磁法的测点更靠近地下目标体,最大限度地避免了感应二次磁场的距离衰减;相比常规的矿井瞬变电磁法,地面-钻孔瞬变电磁法的源布置在地面,可以通过加大回线源尺寸和增加电流强度,使地下目标体最大限度地被激发,以产生更强的二次磁场。采用地面发射、井下接收的工作装置具有明显的理论优势,能获得更强的分辨能力和更高的探测效率,可满足当前煤矿生产的需要。

　　本章从相关定律出发,对圆形回线源、长方形回线源和正方形回线源分别进行磁感应强度解析解的推导。对各种激发源载入直流电后在空间形成的磁场分布进行数值计算,并分析总结其分布特征。依据回线源在地下不同深度处产生磁场的强度分布特征,探讨了最佳回线源尺寸的选择办法。

第 3 章 三维正演理论与方法

3.1 电磁场基本方程

自然界所有的电磁场现象都服从麦克斯韦方程组。时间域麦克斯韦方程组有如下形式：

$$\begin{cases} \nabla \times \boldsymbol{E} = -\dfrac{\partial \boldsymbol{B}}{\partial t} \\ \nabla \times \boldsymbol{H} = \boldsymbol{J} + \dfrac{\partial \boldsymbol{D}}{\partial t} \\ \nabla \cdot \boldsymbol{B} = 0 \\ \nabla \cdot \boldsymbol{D} = \rho \end{cases} \tag{3-1}$$

式中　　$\boldsymbol{E}$——电场强度,V/m;

　　　　$\boldsymbol{B}$——磁感应强度,Wb/m²;

　　　　$\boldsymbol{H}$——磁场强度,A/m;

　　　　$\boldsymbol{D}$——电位移矢量,C/m²;

　　　　$\boldsymbol{J}$——电流密度,A/m²;

　　　　ρ——自由电荷密度,C/m³。

与其相对应的物态方程为

$$\begin{cases} \boldsymbol{J} = \sigma \boldsymbol{E} \\ \boldsymbol{B} = \mu \boldsymbol{H} \\ \boldsymbol{D} = \varepsilon \boldsymbol{E} \end{cases} \tag{3-2}$$

式中　　μ, σ, ε——磁导率、电导率、介电常数。

上式中常数是角频率 ω、电场强度 $\boldsymbol{E}$ 或者磁感应强度 $\boldsymbol{B}$、空间坐标 r、时间 t、温度 T 以及压强 p 的函数。另外,$\boldsymbol{D}$ 和 $\boldsymbol{E}$、$\boldsymbol{H}$ 和 $\boldsymbol{B}$,以及 $\boldsymbol{J}$ 和 $\boldsymbol{E}$ 之间存在相

位差。

在地学领域中导电介质的电磁场满足以下条件：

$$\begin{cases} \nabla \cdot \boldsymbol{D} = 0 \\ \nabla \cdot \boldsymbol{E} = 0 \\ \nabla \cdot \boldsymbol{J} = 0 \end{cases} \tag{3-3}$$

所以在分区均匀、各向同性、非色散的大地介质中，在准静态条件下，并忽略位移电流，时间域电磁场满足麦克斯韦方程组，即：

$$\begin{cases} \nabla \times \boldsymbol{E} = -\dfrac{\partial \boldsymbol{B}}{\partial t} \\ \nabla \times \boldsymbol{H} = \sigma \boldsymbol{E} + \boldsymbol{J}_{s} \\ \nabla \cdot \boldsymbol{H} = 0 \\ \nabla \cdot \boldsymbol{E} = 0 \end{cases} \tag{3-4}$$

式中　$\boldsymbol{J}_s$——施加的电流源。

当时间因子为 $e^{-i\omega t}$，角频率为 ω 时，频率域的麦克斯韦方程组可写为

$$\begin{cases} \nabla \times \boldsymbol{E} = i\omega\mu\boldsymbol{H} \\ \nabla \times \boldsymbol{H} = \sigma \boldsymbol{E} + \boldsymbol{J}_{s} \\ \nabla \cdot \boldsymbol{E} = 0 \\ \nabla \cdot \boldsymbol{H} = 0 \end{cases} \tag{3-5}$$

3.2　矢量有限法三维正演

有限单元法根据插值基函数的不同可分为标量有限单元法和矢量有限单元法，二者最大的区别就是插值基函数自由度的赋存位置不同[119]。标量有限单元法将自由度赋予单元节点，而矢量有限单元法将自由度赋予单元网格的棱边[120]，如图 3-1 所示。根据电磁场连续条件可知：电场强度、磁场强度（不存在面电流时）的切向分量连续，而法向分量是不连续的，如果采用标量有限单元法求解瞬变电磁场时，相邻单元的公共棱边上有唯一值，因而相邻单元的切向分量和法向分量都是连续的，在电性分界面处，电磁场满足的内部边界条件不能自动满足，进而产生了"伪解"现象，即非物理解[121]。矢量有限单元在棱边上为恒定值，具有切向连续性，同时对法向连续性没有要求，符合电磁场特征[122]。相比于标量有限单元，矢量有限单元的待求量更少（标量插值单元的自由度有 12 个，而矢量插值单元的自由度只有 8 个），更有利于矢量场的三维求解[123-124]。

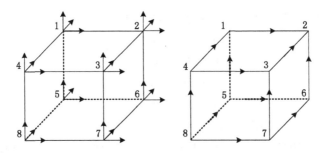

图 3-1 标量有限单元与矢量有限单元的剖分单元示意图

3.2.1 控制方程

要计算时间域电磁场的响应,首先需要求解频率域的响应,然后再转化到时间域。在频率域电磁场矢量有限单元三维正演中,采用二次场法加载回线源,异常电场的泛函中不包括电源项,通常背景场是总电场的主要部分,异常场只占很小一部分,所以计算精度高。二次场法就是将电场看成由两部分组成:

$$\boldsymbol{E} = \boldsymbol{E}^a + \boldsymbol{E}^b \tag{3-6}$$

式中 $\boldsymbol{E}^b$——回线源在均匀半空间中产生的频率域电场,为背景场,可以通过解析解或者数值算法准确求得;

$\boldsymbol{E}^a$——地下电性异常体产生的电场,为异常场,通过三维矢量有限单元法求解。

为了推导异常场控制方程,将背景场的控制方程写为

$$\begin{cases} \nabla \times \boldsymbol{E}^b = i\omega\mu_0 \boldsymbol{H}^b \\ \nabla \times \boldsymbol{H}^b = \sigma^b \boldsymbol{E}^b + \boldsymbol{J}_s \end{cases} \tag{3-7}$$

将式(3-5)分别与式(3-7)相减得

$$\begin{cases} \nabla \times (\boldsymbol{E} - \boldsymbol{E}^b) = i\omega\mu_0 (\boldsymbol{H} - \boldsymbol{H}^b) \\ \nabla \times (\boldsymbol{H} - \boldsymbol{H}^b) = \sigma\boldsymbol{E} - \sigma^b\boldsymbol{E}^b \end{cases} \tag{3-8}$$

化简上式得

$$\begin{cases} \nabla \times \boldsymbol{E}^a = i\omega\mu_0 \boldsymbol{H}^a \\ \nabla \times \boldsymbol{H}^a = \sigma(\boldsymbol{E}^a + \boldsymbol{E}^b) - \sigma^b\boldsymbol{E}^b = \sigma\boldsymbol{E}^a + \sigma^a\boldsymbol{E}^b \end{cases} \tag{3-9}$$

对式(3-9)求旋度,并将式(3-9)的第二式代入第一式,可以得到关于异常电场的微分控制方程:

$$\nabla \times \nabla \times \boldsymbol{E}^a - i\omega\mu\sigma\boldsymbol{E}^a = i\omega\mu\sigma^a\boldsymbol{E}^b \tag{3-10}$$

其中,$\sigma^a = \sigma - \sigma^b$。

在无源区域两种电性介质的分界面处,电磁场满足以下公式:

$$\begin{cases} \boldsymbol{n} \times (\boldsymbol{E}_1 - \boldsymbol{E}_2) = 0 \\ \boldsymbol{n} \cdot (\boldsymbol{D}_1 - \boldsymbol{D}_2) = 0 \\ \boldsymbol{n} \times (\boldsymbol{H}_1 - \boldsymbol{H}_2) = 0 \\ \boldsymbol{n} \cdot (\boldsymbol{B}_1 - \boldsymbol{B}_2) = 0 \end{cases} \tag{3-11}$$

式中　$\boldsymbol{n}$——介质分界面的法向量,方向由介质2指向介质1。

在方程(3-10)中加入第一类 Dirichlet 边界条件,也就是无穷远边界上电场和磁场的切向分量为零,即:

$$\begin{cases} \nabla \times \boldsymbol{E} \big|_\Gamma = 0 \\ \nabla \times \boldsymbol{H} \big|_\Gamma = 0 \end{cases} \tag{3-12}$$

式中　Γ——无穷远边界面。

求解以上各式即可求得频率域异常电场的三分量,然后与背景场相加就得到了频率域电场响应的量。

3.2.2　变分方程

根据加权余量法,电场控制方程相应的余量为

$$R = \int_V (\nabla \times \nabla \times \boldsymbol{E}^a - i\omega\sigma\mu_0 \boldsymbol{E}^a - i\omega\mu_0 \sigma^a \boldsymbol{E}^b) \mathrm{d}V \tag{3-13}$$

采用伽里金法,对整个计算区域进行积分,电场控制方程的变分为

$$\int_V \boldsymbol{f} \cdot (\nabla \times \nabla \times \boldsymbol{E}^a - i\omega\sigma\mu_0 \boldsymbol{E}^a - i\omega\mu_0 \sigma^a \boldsymbol{E}^b) \mathrm{d}V = 0 \tag{3-14}$$

式中　$\boldsymbol{f}$——矢量插值基函数,根据公式

$$\boldsymbol{B} \cdot (\nabla \times \boldsymbol{A}) = \boldsymbol{A} \cdot (\nabla \times \boldsymbol{B}) + \nabla \cdot (\boldsymbol{A} \times \boldsymbol{B}) \tag{3-15}$$

可将式(3-14)中的第一项分解为

$$\int_V \boldsymbol{f} \cdot (\nabla \times \nabla \times \boldsymbol{E}^a) \mathrm{d}V = \int_V (\nabla \times \boldsymbol{E}^a) \cdot (\nabla \times \boldsymbol{f}) \mathrm{d}V + \int_V \nabla \cdot [(\nabla \times \boldsymbol{E}^a) \times \boldsymbol{f}] \mathrm{d}V \tag{3-16}$$

根据高斯定理,式(3-16)可进一步转化为

$$\int_V \nabla \cdot [(\nabla \times \boldsymbol{E}^a) \times \boldsymbol{f}] \mathrm{d}V = \int_\Gamma \boldsymbol{n}_\Gamma \cdot [(\nabla \times \boldsymbol{E}^a) \times \boldsymbol{f}] \mathrm{d}\Gamma \tag{3-17}$$

再由公式

$$\boldsymbol{A} \cdot (\boldsymbol{B} \times \boldsymbol{C}) = (\boldsymbol{A} \times \boldsymbol{B}) \cdot \boldsymbol{C} \tag{3-18}$$

及无穷远边界条件可将式(3-16)中第二项转化为

$$\int_V \nabla \cdot [(\nabla \times \boldsymbol{E}^a) \times \boldsymbol{f}] \mathrm{d}V = \int_\Gamma \boldsymbol{f} \cdot [\boldsymbol{n}_\Gamma \times (\nabla \times \boldsymbol{E}^a)] \mathrm{d}\Gamma = 0 \tag{3-19}$$

式中　$\boldsymbol{n}_\Gamma$——边界的法向向量；

　　　　Γ——无穷远边界。

所以式(3-16)加入第一类边界条件后最终化简为

$$\int_V (\nabla\times \boldsymbol{E}^a)\bm{\cdot}(\nabla\times \boldsymbol{f})-i\omega\sigma\mu_0\boldsymbol{E}^a\bm{\cdot}\boldsymbol{f}-i\omega\sigma^a\mu_0\boldsymbol{E}^b\bm{\cdot}\boldsymbol{f}\mathrm{d}V=0 \qquad (3\text{-}20)$$

上式就是频率域电场矢量有限单元三维正演的变分控制方程。

3.2.3　插值函数

如图 3-1 所示,在六面体单元内,剖分单元在 X、Y、Z 方向的边长分别记为 l_x、l_y 和 l_z,其中心位于 (x_e^c,y_e^c,z_e^c),假定场值是线性变化的,各个棱边上的场值为

$$\begin{cases}\boldsymbol{E}_e^x=\displaystyle\sum_{i=1}^4 \boldsymbol{E}_e^{xi}N_e^{xi} \\[2mm] \boldsymbol{E}_e^y=\displaystyle\sum_{i=1}^4 \boldsymbol{E}_e^{yi}N_e^{yi} \\[2mm] \boldsymbol{E}_e^z=\displaystyle\sum_{i=1}^4 \boldsymbol{E}_e^{zi}N_e^{zi}\end{cases} \qquad (3\text{-}21)$$

其中 N 为插值基函数,即

$$\begin{cases}N_e^{x1}=\dfrac{1}{l_y l_z}\left(y_e^c+\dfrac{l_y}{2}-y\right)\left(z_e^c+\dfrac{l_z}{2}-z\right) \\[3mm] N_e^{x2}=\dfrac{1}{l_y l_z}\left(y+\dfrac{l_y}{2}-y_e^c\right)\left(z_e^c+\dfrac{l_z}{2}-z\right) \\[3mm] N_e^{x3}=\dfrac{1}{l_y l_z}\left(y_e^c+\dfrac{l_y}{2}-y\right)\left(z+\dfrac{l_z}{2}-z_e^c\right) \\[3mm] N_e^{x4}=\dfrac{1}{l_y l_z}\left(y+\dfrac{l_y}{2}-y_e^c\right)\left(z+\dfrac{l_z}{2}-z_e^c\right)\end{cases}$$

$$\begin{cases}N_e^{y1}=\dfrac{1}{l_x l_z}\left(z_e^c+\dfrac{l_z}{2}-z\right)\left(x_e^c+\dfrac{l_x}{2}-x\right) \\[3mm] N_e^{y2}=\dfrac{1}{l_x l_z}\left(z+\dfrac{l_z}{2}-z_e^c\right)\left(x_e^c+\dfrac{l_x}{2}-x\right) \\[3mm] N_e^{y3}=\dfrac{1}{l_x l_z}\left(z_e^c+\dfrac{l_z}{2}-z\right)\left(x+\dfrac{l_x}{2}-x_e^c\right) \\[3mm] N_e^{y4}=\dfrac{1}{l_x l_z}\left(z+\dfrac{l_z}{2}-z_e^c\right)\left(x+\dfrac{l_x}{2}-x_e^c\right)\end{cases}$$

$$\begin{cases} N_e^{z1} = \dfrac{1}{l_x l_y}\left(x_e^c + \dfrac{l_x}{2} - x\right)\left(y_e^c + \dfrac{l_y}{2} - y\right) \\[3mm] N_e^{z2} = \dfrac{1}{l_x l_y}\left(x + \dfrac{l_x}{2} - x_e^c\right)\left(y_e^c + \dfrac{l_y}{2} - y\right) \\[3mm] N_e^{z3} = \dfrac{1}{l_x l_y}\left(x_e^c + \dfrac{l_x}{2} - x\right)\left(y + \dfrac{l_y}{2} - y_e^c\right) \\[3mm] N_e^{z4} = \dfrac{1}{l_x l_y}\left(x + \dfrac{l_x}{2} - x_e^c\right)\left(y + \dfrac{l_y}{2} - y_e^c\right) \end{cases}$$

不难看出,矢量插值基函数自动满足零散度和非零旋度,也不难看出单元内的切向场由组成单元面的棱边上的切向场决定。因此,插值基函数既保证了矢量场穿越棱边时是切向连续的,又保证了穿越单元面时是切向连续的。上述定义的插值基函数为 Witney 型插值基函数,各个棱边及节点的编号如表 3-1 所列。

表 3-1　Witney 型插值基函数各个棱边与节点的关系

棱边编号	节点编号	节点编号
1	1	2
2	4	3
3	5	6
4	8	7
5	1	4
6	5	8
7	2	3
8	6	7
9	1	5
10	2	6
11	4	8
12	3	7

3.2.4　单元分析

将计算区域剖分为多个单元 e 的积分之和

$$\sum_{k=1}^{NE}\int_{V_e} (\nabla \times \boldsymbol{E}^a)\cdot(\nabla \times \boldsymbol{f}) - i\sigma\mu_0\omega\boldsymbol{E}^a\cdot\boldsymbol{f} - i\sigma^a\mu_0\omega\boldsymbol{E}^b\cdot\boldsymbol{f}\mathrm{d}e = 0 \quad (3\text{-}22)$$

上式可转化为

$$\sum_{k=1}^{NE} \int_{V_e} (\nabla \times N) \cdot (\nabla \times N) \cdot \boldsymbol{E}^a - i\sigma\mu_0\omega N \cdot N \cdot \boldsymbol{E}^a - i\sigma^a\mu_0\omega N \cdot N \cdot \boldsymbol{E}^b \mathrm{d}e = 0$$

$$(3\text{-}23)$$

写成矩阵的形式为

$$\boldsymbol{A} \cdot E = \boldsymbol{B} \tag{3-24}$$

对于一个单元

$$\boldsymbol{A}_e = \iiint_{V_e} \left[(\nabla \times N_e^i) \cdot (\nabla \times N_e^j) - i\omega\mu_0\sigma N_e^i \cdot N_e^j \right] \mathrm{d}e \tag{3-25}$$

$$\boldsymbol{B}_e = i\omega\mu_0\sigma \iiint_{V_e} \boldsymbol{E}_e^b \cdot N_e^i \mathrm{d}e \tag{3-26}$$

将 $\boldsymbol{A}_e$ 中的第一项写成分块矩阵的形式

$$\boldsymbol{A}_{1e} = \iiint_{V_e} \left[(\nabla \times N_e^i) \cdot (\nabla \times N_e^j) \right] \mathrm{d}e = \begin{bmatrix} A_{1e}^{xx} & A_{1e}^{xy} & A_{1e}^{xz} \\ A_{1e}^{yx} & A_{1e}^{yy} & A_{1e}^{yz} \\ A_{1e}^{zx} & A_{1e}^{zy} & A_{1e}^{zz} \end{bmatrix} \tag{3-27}$$

每个子矩阵的具体形式为

$$\begin{cases} \boldsymbol{A}_{1e}^{xx} = \iiint_{V_e} \left[\dfrac{\partial\{N_e^x\}}{\partial y} \dfrac{\partial\{N_e^x\}^{\mathrm{T}}}{\partial y} + \dfrac{\partial\{N_e^x\}}{\partial z} \dfrac{\partial\{N_e^x\}^{\mathrm{T}}}{\partial z} \right] \mathrm{d}V \\[3mm] \boldsymbol{A}_{1e}^{yy} = \iiint_{V_e} \left[\dfrac{\partial\{N_e^y\}}{\partial z} \dfrac{\partial\{N_e^y\}^{\mathrm{T}}}{\partial z} + \dfrac{\partial\{N_e^y\}}{\partial x} \dfrac{\partial\{N_e^y\}^{\mathrm{T}}}{\partial x} \right] \mathrm{d}V \\[3mm] \boldsymbol{A}_{1e}^{zz} = \iiint_{V_e} \left[\dfrac{\partial\{N_e^z\}}{\partial x} \dfrac{\partial\{N_e^z\}^{\mathrm{T}}}{\partial x} + \dfrac{\partial\{N_e^z\}}{\partial y} \dfrac{\partial\{N_e^z\}^{\mathrm{T}}}{\partial y} \right] \mathrm{d}V \\[3mm] \boldsymbol{A}_{1e}^{xz} = \left[\boldsymbol{A}_{1e}^{zx} \right]^{\mathrm{T}} = - \iiint_{V_e} \left[\dfrac{\partial\{N_e^x\}}{\partial z} \dfrac{\partial\{N_e^z\}^{\mathrm{T}}}{\partial x} \right] \mathrm{d}V \\[3mm] \boldsymbol{A}_{1e}^{xy} = \left[\boldsymbol{A}_{1e}^{yx} \right]^{\mathrm{T}} = - \iiint_{V_e} \left[\dfrac{\partial\{N_e^x\}}{\partial y} \dfrac{\partial\{N_e^y\}^{\mathrm{T}}}{\partial x} \right] \mathrm{d}V \\[3mm] \boldsymbol{A}_{1e}^{yz} = \left[\boldsymbol{A}_{1e}^{zy} \right]^{\mathrm{T}} = - \iiint_{V_e} \left[\dfrac{\partial\{N_e^y\}}{\partial z} \dfrac{\partial\{N_e^z\}^{\mathrm{T}}}{\partial y} \right] \mathrm{d}V \end{cases} \tag{3-28}$$

代入 Witney 型插值基函数化简为

$$\begin{cases} \boldsymbol{A}_{1e}^{xx} = \dfrac{l_x l_z}{6 l_y} \boldsymbol{K}_1 + \dfrac{l_x l_y}{6 l_z} \boldsymbol{K}_2 \\[2mm] \boldsymbol{A}_{1e}^{yy} = \dfrac{l_x l_y}{6 l_z} \boldsymbol{K}_1 + \dfrac{l_y l_z}{6 l_x} \boldsymbol{K}_2 \\[2mm] \boldsymbol{A}_{1e}^{zz} = \dfrac{l_y l_z}{6 l_x} \boldsymbol{K}_1 + \dfrac{l_x l_z}{6 l_y} \boldsymbol{K}_2 \\[2mm] \boldsymbol{A}_{1e}^{xy} = [\boldsymbol{A}_{1e}^{yx}]^{\mathrm{T}} = -\dfrac{l_z}{6} \boldsymbol{K}_3 \\[2mm] \boldsymbol{A}_{1e}^{xz} = [\boldsymbol{A}_{1e}^{zx}]^{\mathrm{T}} = -\dfrac{l_y}{6} \boldsymbol{K}_3 \\[2mm] \boldsymbol{A}_{1e}^{yz} = [\boldsymbol{A}_{1e}^{zy}]^{\mathrm{T}} = -\dfrac{l_x}{6} \boldsymbol{K}_3 \end{cases} \tag{3-29}$$

其中

$$\boldsymbol{K}_1 = \begin{bmatrix} 2 & -2 & 1 & -1 \\ -2 & 2 & -1 & 1 \\ 1 & -1 & 2 & -2 \\ -1 & 1 & -2 & 2 \end{bmatrix} \quad \boldsymbol{K}_2 = \begin{bmatrix} 2 & 1 & -2 & -1 \\ 1 & 2 & -1 & -2 \\ -2 & -1 & 2 & 1 \\ -1 & -2 & 1 & 2 \end{bmatrix}$$

$$\boldsymbol{K}_3 = \begin{bmatrix} 2 & 1 & -2 & -1 \\ -2 & -1 & 2 & 1 \\ 1 & 2 & -1 & -2 \\ -1 & -2 & 1 & 2 \end{bmatrix}$$

将 $\boldsymbol{A}_e$ 中的第二项写成分块矩阵的形式

$$\boldsymbol{A}_{2e} = \iiint_{V_e} (-i\omega\mu_0\sigma N_e^i \cdot N_e^j)\,\mathrm{d}e = -i\omega\mu_0\sigma \begin{bmatrix} \boldsymbol{A}_{2e}^{xx} & 0 & 0 \\ 0 & \boldsymbol{A}_{2e}^{yy} & 0 \\ 0 & 0 & \boldsymbol{A}_{2e}^{zz} \end{bmatrix} \tag{3-30}$$

$$\boldsymbol{A}_{2e}^{xx} = \boldsymbol{A}_{2e}^{yy} = \boldsymbol{A}_{2e}^{zz} = \iiint_{V_e} [N_e^x] \cdot [N_e^x]^{\mathrm{T}}\,\mathrm{d}V = \dfrac{l_x l_y l_z}{36} \boldsymbol{K}_4 \tag{3-31}$$

$$\boldsymbol{K}_4 = \begin{bmatrix} 4 & 2 & 2 & 1 \\ 2 & 4 & 1 & 2 \\ 2 & 1 & 4 & 2 \\ 1 & 2 & 2 & 4 \end{bmatrix}$$

接着将式(3-26)中 $\boldsymbol{B}_e$ 写成矩阵形式为

$$\boldsymbol{B}_e = i\omega\mu_0\sigma\iiint_{V_e} \boldsymbol{E}_e^b \cdot N_e^i \mathrm{d}e = i\omega\mu_0\sigma^a \begin{bmatrix} \boldsymbol{A}_{2e}^{xx} & 0 & 0 \\ 0 & \boldsymbol{A}_{2e}^{yy} & 0 \\ 0 & 0 & \boldsymbol{A}_{2e}^{zx} \end{bmatrix} \cdot \begin{bmatrix} \boldsymbol{E}_{ex}^b \\ \boldsymbol{E}_{ey}^b \\ \boldsymbol{E}_{ez}^b \end{bmatrix} \tag{3-32}$$

其中 $\boldsymbol{E}_e^b$ 是背景场,可表示为

$$\begin{cases} \boldsymbol{E}_{ex}^b = \begin{bmatrix} \boldsymbol{E}_{e1}^b & \boldsymbol{E}_{e2}^b & \boldsymbol{E}_{e3}^b & \boldsymbol{E}_{e4}^b \end{bmatrix}^{\mathrm{T}} \\ \boldsymbol{E}_{ey}^b = \begin{bmatrix} \boldsymbol{E}_{e5}^b & \boldsymbol{E}_{e6}^b & \boldsymbol{E}_{e7}^b & \boldsymbol{E}_{e8}^b \end{bmatrix}^{\mathrm{T}} \\ \boldsymbol{E}_{ez}^b = \begin{bmatrix} \boldsymbol{E}_{e9}^b & \boldsymbol{E}_{e10}^b & \boldsymbol{E}_{e11}^b & \boldsymbol{E}_{e12}^b \end{bmatrix}^{\mathrm{T}} \end{cases} \tag{3-33}$$

有限元形成的方程组系数矩阵具有对称稀疏的特点,模型剖分的网格越多,方程组的阶数就越高,为了节省计算机内存,采用 CSR 存储格式,只存储系数矩阵上三角的非零元素,并采用 MKL 库中 PARDISO 并行求解器求解,实现了频率域回线源电磁场的三维正演。

3.2.5　时频转化

瞬变电磁法勘探一般采用的发射波形为垂直阶跃波,垂直阶跃函数为

$$I(t) = \begin{cases} I_0 & t \leqslant 0 \\ 0 & t > 0 \end{cases} \tag{3-34}$$

通过傅里叶变换,垂直阶跃波的频谱为

$$\pi\delta(\omega) + \frac{1}{i\omega} \tag{3-35}$$

所以谐变电流条件下频率域电场分量与时间域电场分量有如下关系

$$\begin{aligned} E(t) &= \frac{1}{2\pi} \int_{-\infty}^{\infty} E(\omega)\left[\pi\delta(\omega) + \frac{1}{i\omega}\right]\mathrm{e}^{-i\omega t}\mathrm{d}\omega \\ &= \frac{1}{2\pi} \int_{-\infty}^{\infty} \left[\mathrm{Re}\, E(\omega)\pi\delta(\omega) + \mathrm{Im}\, E(\omega)\frac{1}{\omega}\right]\cos(\omega t)\mathrm{d}\omega \\ &\quad - \frac{1}{2\pi} \int_{-\infty}^{\infty} \left[\mathrm{Re}\, E(\omega)\frac{1}{\omega} - \mathrm{Im}\, E(\omega)\pi\delta(\omega)\right]\sin(\omega t)\mathrm{d}\omega \end{aligned} \tag{3-36}$$

利用 $\delta(\omega)$ 函数的积分性质进行化简,上式转化为

$$E(t) = \frac{2}{\pi} \int_0^{\infty} \frac{\mathrm{Im}\, E(\omega)}{\omega}\cos(\omega t)\mathrm{d}\omega \tag{3-37}$$

上式为垂直阶跃电流激发下频率域电场到时间域电场的变换关系式,是典型的余弦变换,可通过数值滤波算法求得,最后通过棱边转换、辅助场转化,就能求得剖分节点上的衰减电压的三分量。瞬变电磁矢量有限单元三维正演的流程如图 3-2 所示。

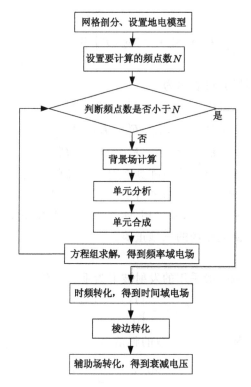

图 3-2 瞬变电磁矢量有限单元三维正演的流程图

3.3 时域有限差分法三维正演

时域有限差分法与矢量有限单元法不同,求解过程中无须求解大型稀疏方程组,对计算机内存需求不高,计算速度快,近几年来,逐渐成为国内外地球物理学者研究的热点方法,特别在瞬变电磁三维正演方面发展迅速,是主流的正演方法之一[115]。

3.3.1 时域有限差分控制方程

在直角坐标系中将麦克斯韦方程组写成分量的形式[126]:

$$
\begin{cases}
\dfrac{\partial E_z}{\partial y} - \dfrac{\partial E_y}{\partial z} = -\dfrac{\partial B_x}{\partial t} \\[2mm]
\dfrac{\partial E_x}{\partial z} - \dfrac{\partial E_z}{\partial x} = -\dfrac{\partial B_y}{\partial t} \\[2mm]
\dfrac{\partial E_y}{\partial x} - \dfrac{\partial E_x}{\partial y} = -\dfrac{\partial B_z}{\partial t}
\end{cases}
\tag{3-38}
$$

和

$$
\begin{cases}
\dfrac{\partial H_z}{\partial y} - \dfrac{\partial H_y}{\partial z} = \gamma \dfrac{\partial E_x}{\partial t} + \sigma E_x \\[2mm]
\dfrac{\partial H_x}{\partial z} - \dfrac{\partial H_z}{\partial x} = \gamma \dfrac{\partial E_y}{\partial t} + \sigma E_y \\[2mm]
\dfrac{\partial H_y}{\partial x} - \dfrac{\partial H_x}{\partial y} = \gamma \dfrac{\partial E_z}{\partial t} + \sigma E_z
\end{cases}
\tag{3-39}
$$

式中 γ——虚拟介电常数,包含 γ 的项称为虚拟位移电流。

首先利用方程(3-38)中前两个方程计算出磁场水平分量的值,然后根据第三个方程可求出磁场垂直分量的值。利用方程(3-38)和方程(3-39)即可对无源区域的电磁场进行计算。

在有源区域,麦克斯韦方程组中还要包括电流密度项

$$
\nabla \times \boldsymbol{H} = \gamma \dfrac{\partial \boldsymbol{E}}{\partial t} + \sigma \boldsymbol{E} + \boldsymbol{J}_s
\tag{3-40}
$$

式中 $\boldsymbol{J}_s$——源电流密度。

将方程(3-40)在直角坐标系下展开可得

$$
\begin{cases}
\dfrac{\partial H_z}{\partial y} - \dfrac{\partial H_y}{\partial z} = \gamma \dfrac{\partial E_x}{\partial t} + \sigma E_x + J_{sx} \\[2mm]
\dfrac{\partial H_x}{\partial z} - \dfrac{\partial H_z}{\partial x} = \gamma \dfrac{\partial E_y}{\partial t} + \sigma E_y + J_{sy} \\[2mm]
\dfrac{\partial H_y}{\partial x} - \dfrac{\partial H_x}{\partial y} = \gamma \dfrac{\partial E_z}{\partial t} + \sigma E_z
\end{cases}
\tag{3-41}
$$

由于激励源电流位于 XOY 平面内,源电流不存在 Z 方向的分量,因而方程中仅存在 J_{sx} 和 J_{sy}。利用方程(3-38)和方程(3-41)就可实现有源区域电磁场各个分量的求解。

3.3.2 时域有限差分方程

在利用时域有限差分对瞬变电磁进行三维正演时,由于低频成分起到主要作用,必须要将方程显式包含在迭代过程中[127]。采用 Yee 晶胞格式进行网格离散,如图 3-3 所示,每一个电场(磁场)分量均由 4 个磁场(电场)分量包

围,这样的电场、磁场空间分布形式自然符合法拉第电磁感应定律和安培环路定理的结构形式,同时也满足麦克斯韦方程组的差分计算要求。均匀网格电场和磁场在空间中交替出现,在时间上电场采样早于磁场采样半个时间步[128]。

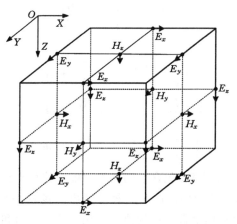

图 3-3　FDTD 计算采用的 Yee 晶胞格式

Yee 晶胞格式使得构建麦克斯韦方程组的差分离散格式变得非常容易,也使得离散过程变得非常直观并且符合电磁场在时空传播的规律。时域有限差分的基本思想是在空间域与时间域均采用差分代替微分从而完成对偏微分方程的数值求解,对于在空间中的差分采用向后差分,而对于在时间域的差分则采用中心差分。对方程(3-38)和方程(3-39)进行整理可得无源区域的电磁场更新迭代公式:

$$E_x^{n+1}(i+\frac{1}{2},j,k) = \frac{2\gamma - \sigma(i+\frac{1}{2},j,k)\Delta t}{2\gamma + \sigma(i+\frac{1}{2},j,k)\Delta t}E_x^n(i+\frac{1}{2},j,k) + \frac{2\Delta t}{2\gamma + \sigma(i+\frac{1}{2},j,k)\Delta t}$$

$$\cdot \left[\frac{H_z^{n+1/2}(i+\frac{1}{2},j+\frac{1}{2},k) - H_z^{n+1/2}(i+\frac{1}{2},j-\frac{1}{2},k)}{\Delta y} \right.$$

$$\left. - \frac{H_y^{n+1/2}(i+\frac{1}{2},j,k+\frac{1}{2}) - H_y^{n+1/2}(i+\frac{1}{2},j,k-\frac{1}{2})}{\Delta z} \right] \quad (3\text{-}42)$$

$$E_y^{n+1}(i,j+\frac{1}{2},k) = \frac{2\gamma - \sigma(i,j+\frac{1}{2},k)\Delta t}{2\gamma + \sigma(i,j+\frac{1}{2},k)\Delta t}E_y^n(i,j+\frac{1}{2},k) + \frac{2\Delta t}{2\gamma + \sigma(i+\frac{1}{2},j,k)\Delta t}$$

$$\cdot \left[\frac{H_x^{n+1/2}(i,j+\frac{1}{2},k+\frac{1}{2}) - H_x^{n+1/2}(i,j+\frac{1}{2},k-\frac{1}{2})}{\Delta z} \right.$$

$$\left. - \frac{H_z^{n+1/2}(i+\frac{1}{2},j+\frac{1}{2},k) - H_z^{n+1/2}(i-\frac{1}{2},j+\frac{1}{2},k)}{\Delta x} \right] \quad (3\text{-}43)$$

$$E_z^{n+1}(i,j,k+\frac{1}{2}) = \frac{2\gamma - \sigma(i+\frac{1}{2},j,k)\Delta t}{2\gamma + \sigma(i+\frac{1}{2},j,k)\Delta t} E_z^n(i,j,k+\frac{1}{2}) + \frac{2\Delta t}{2\gamma + \sigma(i+\frac{1}{2},j,k)\Delta t}$$

$$\cdot \left[\frac{H_y^{n+1/2}(i+\frac{1}{2},j,k+\frac{1}{2}) - H_y^{n+1/2}(i-\frac{1}{2},j,k+\frac{1}{2})}{\Delta x} \right.$$

$$\left. - \frac{H_x^{n+1/2}(i,j+\frac{1}{2},k+\frac{1}{2}) - H_x^{n+1/2}(i,j-\frac{1}{2},k+\frac{1}{2})}{\Delta y} \right] \quad (3\text{-}44)$$

$$B_x^{n+1/2}(i,j+\frac{1}{2},k+\frac{1}{2}) = B_x^{n-1/2}(i,j+\frac{1}{2},k+\frac{1}{2}) - \frac{\Delta t_{n-1} + \Delta t_n}{2}$$

$$\cdot \left[\frac{E_z^n(i,j+1,k+\frac{1}{2}) - E_z^n(i,j,k+\frac{1}{2})}{\Delta y} - \frac{E_y^n(i,j+\frac{1}{2},k+1) - E_y^n(i,j+\frac{1}{2},k)}{\Delta z} \right]$$

$$(3\text{-}45)$$

$$B_y^{n+1/2}(i+\frac{1}{2},j,k+\frac{1}{2}) = B_y^{n-1/2}(i+\frac{1}{2},j,k+\frac{1}{2}) - \frac{\Delta t_{n-1} + \Delta t_n}{2}$$

$$\cdot \left[\frac{E_x^n(i+\frac{1}{2},j,k+1) - E_x^n(i+\frac{1}{2},j,k)}{\Delta z} - \frac{E_z^n(i+1,j,k+\frac{1}{2}) - E_z^n(i,j,k+\frac{1}{2})}{\Delta x} \right]$$

$$(3\text{-}46)$$

$$B_z^{n+1/2}(i+\frac{1}{2},j+\frac{1}{2},k) = B_z^{n+1/2}(i+\frac{1}{2},j+\frac{1}{2},k+1)$$

$$+ \Delta z \left[\frac{B_x^{n+1/2}(i+1,j+\frac{1}{2},k+\frac{1}{2}) - B_x^{n+1/2}(i,j+\frac{1}{2},k+\frac{1}{2})}{\Delta x} \right.$$

$$\left. + \frac{B_y^{n+1/2}(i+\frac{1}{2},j+1,k+\frac{1}{2}) - B_y^{n+1/2}(i+\frac{1}{2},j,k+\frac{1}{2})}{\Delta y} \right]$$

$$(3\text{-}47)$$

均匀剖分时，σ 的取值按照以下规定计算：

$$\sigma(i+1/2,j,k) = \frac{1}{4} \cdot [\sigma(i+1/2,j-1,k-1)+\sigma(i+1/2,j-1,k)$$
$$+\sigma(i+1/2,j,k-1)+\sigma(i+1/2,j,k)] \qquad (3\text{-}48)$$

$$\sigma(i,j+1/2,k) = \frac{1}{4} \cdot [\sigma(i-1,j+1/2,k-1)+\sigma(i-1,j+1/2,k)$$
$$+\sigma(i,j+1/2,k-1)+\sigma(i,j+1/2,k)] \qquad (3\text{-}49)$$

$$\sigma(i,j,k+1/2) = \frac{1}{4} \cdot [\sigma(i-1,j-1,k+1/2)+\sigma(i,j-1,k+1/2)$$
$$+\sigma(i-1,j,k+1/2)+\sigma(i,j,k+1/2)] \qquad (3\text{-}50)$$

将电流密度施加到与电场的水平分量重合的 Yee 晶胞棱边上，激励源波形采用梯形波。对方程(3-41)进行整理即可得到有源区域电场水平分量的更新迭代公式：

$$E_x^{n+1}(i+\frac{1}{2},j,k) = \frac{2\gamma-\sigma(i+\frac{1}{2},j,k)\Delta t}{2\gamma+\sigma(i+\frac{1}{2},j,k)\Delta t} \cdot E_x^n(i+\frac{1}{2},j,k) + \frac{2\Delta t}{2\gamma+\sigma(i+\frac{1}{2},j,k)\Delta t}$$

$$\cdot \left[\frac{H_z^{n+1/2}(i+\frac{1}{2},j+\frac{1}{2},k)-H_z^{n+1/2}(i+\frac{1}{2},j-\frac{1}{2},k)}{\Delta y} \right.$$

$$\left. - \frac{H_y^{n+1/2}(i+\frac{1}{2},j,k+\frac{1}{2})-H_y^{n+1/2}(i+\frac{1}{2},j,k-\frac{1}{2})}{\Delta z} \right]$$

$$- \frac{2\Delta t}{2\gamma+\sigma(i+\frac{1}{2},j,k)\Delta t} J_{sx}^{n+1/2} \qquad (3\text{-}51)$$

$$E_y^{n+1}(i,j+\frac{1}{2},k) = \frac{2\gamma-\sigma(i,j+\frac{1}{2},k)\Delta t}{2\gamma+\sigma(i,j+\frac{1}{2},k)\Delta t} \cdot E_y^n(i,j+\frac{1}{2},k) + \frac{2\Delta t}{2\gamma+\sigma(i,j+\frac{1}{2},k)\Delta t}$$

$$\cdot \left[\frac{H_x^{n+1/2}(i,j+\frac{1}{2},k+\frac{1}{2})-H_x^{n+1/2}(i,j+\frac{1}{2},k-\frac{1}{2})}{\Delta z} \right.$$

$$\left. - \frac{H_z^{n+1/2}(i+\frac{1}{2},j+\frac{1}{2},k)-H_z^{n+1/2}(i-\frac{1}{2},j+\frac{1}{2},k)}{\Delta x} \right]$$

$$- \frac{2\Delta t}{2\gamma+\sigma(i,j+\frac{1}{2},k)\Delta t} J_{sx}^{n+1/2} \qquad (3\text{-}52)$$

方程(3-42)～方程(3-47)、方程(3-51)和方程(3-52)为回线源激发时瞬变电磁三维时域有限差分电磁场各分量更新迭代公式。

3.4　正演方法比较与选择

3.4.1　正演算法验证

为了验证两种正演方法的正确性,将矢量有限单元法和时域有限差分法正演的瞬变电磁响应与 T. Wang 和 G. W. Hohmann 的三维 FDTD 计算的三维模型响应进行对比,采用文献中模型,模型示意图如图 3-4 所示,异常体高为 30 m,宽为 40 m,长为 100 m,位于 100 m×100 m 一个回线磁源的正下方,异常体顶界面距地面 30 m,电阻率为 0.5 Ω·m,均匀半空间背景电阻率为 10 Ω·m。

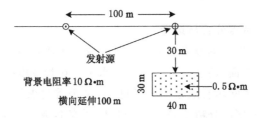

图 3-4　T. Wang 和 G. W. Hohmann 三维模型计算示意图

采用矢量有限单元法和时域有限差分法计算时,中间采用均匀网格,最小的网格剖分为 10 m×10 m×10 m,依次向两边递增,回线磁源位于均匀网格内,源中心位于坐标系的原点(0,0,0),其中矢量有限单元法剖分网格数为 63×63×53,时域有限差分法剖分网格数为 241×241×240。测点位于回线磁源的正中间,测量的是地表垂直 Z 分量的感应电动势。计算的矢量有限单元响应、时域有限差分响应以及 T. Wang 和 G. W. Hohmann 的时域有限差分响应如图 3-5 所示。

从图 3-5 可以看出,在 0.1 ms 到 3 ms 之间,三种方法计算的瞬变电磁响应曲线基本重合,在 3 ms 到 10 ms 之间,矢量有限单元法响应与 T. Wang 和 G. W. Hohmann 的时域有限差分法响应比孙怀凤时域有限差分法响应略高,但是衰减趋势一致。由于 T. Wang 和 G. W. Hohmann 的时域有限差分法正演响应是数字化所得,所以只能定性分析。总体来看,矢量有限单元法和时域有限差分法计算的瞬变电磁响应趋势一致,曲线光滑,整体吻合度较好。因此,这两种算法的精度是令人满意的,可以用来模拟三维地质体的瞬变电磁响应。

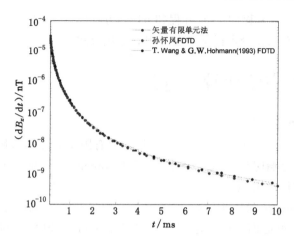

图 3-5　不同三维正演方法瞬变电磁法响应拟合图

3.4.2　正演方法特点分析与选择

由于瞬变电磁理论的复杂性,目前理论技术仍不够完善,尤其是在三维正、反演处理解释方面,还远没有达到实用水平。在瞬变电磁三维正演计算方面,面临的主要技术问题有激励源如何施加、是否需要求解大型方程组、剖分网格数是否满足模型剖分精度等。对于井地瞬变电磁三维正演,这三个问题显得格外重要。

矢量有限单元法和时域有限差分法有各自的特点,前者是通过积分的过程实现正演计算,而后者是通过微分迭代来实现正演计算的。三维矢量有限单元法在求解过程中需要求解几十万阶的方程组,且随着剖分网格数的增加,方程组阶数急剧增加、条件数急剧增大。考虑到现阶段计算机硬件水平,剖分的网格数也只能达到 $50 \times 50 \times 50$ 左右,同时还要考虑无穷远边界条件,所以异常体不能得到精细剖分,但是该方法网格适用性较强,算法也较稳定。三维时域有限差分法在求解瞬变电磁场时,用差分代替微分,建立显式的迭代方程,无须求解大型方程组,剖分网格一般能达到 $300 \times 300 \times 300$,对地下异常体能精确剖分,但是该方法主要适用于结构化网格,不同的正演模型,网格的步长也不一样,一般根据实际情况和柯朗稳定条件来决定,也就是说不同的计算模型得匹配合适的时间差分步长和空间差分步长,否则容易发散。

本书着重研究异常体产生的异常场响应,对计算精度、模型剖分精度、测点间距要求较高。综合考虑各方面因素认为,后续章节的地面-钻孔瞬变电磁模型响应计算采用时域有限差分法进行。

3.5　小　　结

为获得井地瞬变电磁三维正演响应,本章从电磁法的麦克斯韦方程组出发,研究了瞬变电磁矢量有限单元三维正演算法和三维时域有限差分算法,并着重介绍了正演方法的基本原理、控制方程和实现步骤。将两种方法对标准模型的正演响应与 T. Wang 和 G. W. Hohmann 的时域有限差分法正演响应做了比较,验证两种正演方法的计算精度,确定正演算法的可靠性。最后分析了各个方法的优缺点,确定地面-钻孔瞬变电磁理论模型响应采用时域有限差分法进行计算。

第4章 三维空间水源性隐蔽致灾体理论响应特征

4.1 典型模型响应特征

含水陷落柱、积水采空区、含导水断层、顶板富水砂岩是煤矿常见的水源性隐蔽致灾体,其与围岩存在明显的电阻率差异,可作为典型的异常模型对其地面-钻孔瞬变电磁法响应进行计算。实际地质异常体与围岩在电性上存在电阻率、介电性和电化学特性差异,本书只考虑其中主要的电阻率差异。从严谨性的角度,将各典型地质异常体用立方体、柱状体、块状体或板状体等纯粹的低电阻物体代替。

设置地面回线磁源尺寸为 $600 \text{ m} \times 600 \text{ m}$,电流 20 A。坐标方向按右手螺旋法则确定,坐标原点位于地面回线中心。测线沿 X 增量方向布置在水平煤层中,长度 400 m,位于 $Y=0$ 平面地下 298 m 处,测点点距 2 m。设置背景电阻率为 $100 \text{ } \Omega \cdot \text{m}$,异常体电阻率为 $0.1 \text{ } \Omega \cdot \text{m}$。在测线接收瞬变电磁法二次场的三个分量,时间窗口为 $0.01 \sim 10 \text{ ms}$,100 道。

对计算空间的网格剖分中,测线处网格大小为 $2 \text{ m} \times 2 \text{ m} \times 2 \text{ m}$。由于数值计算方法的特性,一个网格面上某变量的计算结果只有一个数值,这将导致计算结果与其所属坐标存在一定的偏差。但这是正常的且难以避免。在模型的计算中,设置测线位于 $Y=0$ 平面上。测线位置的特殊性使得理论上的 Y 分量应为零值,而由于网格大小的限制,计算结果的实际位置 $Y \in (0,1)$ 或 $(-1,0)$,使得 Y 分量为不等于零的极小值。从计算真实性的角度,以计算结果为准,没有将计算结果人为校正为 $Y=0$ 时的零值解析解(或理解为测线与理论位置存在一个小的偏移)。

4.1.1　含水陷落柱

如图 4-1 所示,用低电阻立方体代替的含水陷落柱位于测线旁侧下方,规模为 20 m×20 m×20 m,陷落柱中心在测线投影位置为 $X=-24$ m,X 坐标为 $(-34,-14)$,Y 坐标为 $(15,35)$,Z 坐标为 $(326,346)$。

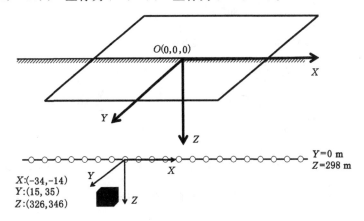

图 4-1　陷落柱模型示意图

对该模型进行数值模拟,得到地面-钻孔瞬变电磁法感应二次场的三个分量。选取陷落柱中心投影 $X=-24$ m 处测点和远端 $X=100$ m 处测点,分别绘制其感应场总场与异常场的三分量单点曲线,见图 4-2。

图 4-2(a)为两个测点的总场 X 分量单对数曲线。对 $X=100$ m 处测点的正常曲线,幅值极大值表现为正值且超过 3 000 pT,曲线呈现先不变、再快速衰减、最后稳定为零值的特征;对 $X=-24$ m 处测点的异常曲线,幅值表现为接近 -1 000 pT 的负值,曲线值也呈现先不变、再快速衰减、最后稳定为零值的特征。比较两条曲线可知,其稳定期和快速变化期的时间范围基本一致,但异常曲线变化幅度相对更小,且与正常曲线极性相反。

图 4-2(b)为两个测点的总场 Y 分量单对数曲线。对 $X=100$ m 处测点的正常曲线,幅值表现为负值且幅度超过 30 pT,曲线呈现先不变、再快速衰减、最后稳定为零值的特征;对 $X=-24$ m 处测点的异常曲线,幅值也表现为负值但幅度略大,曲线呈现先不变、然后急剧反向、再快速衰减、最后稳定为零值的特征。比较两条曲线可知,其稳定期和快速变化期的时间范围基本一致,但异常曲线幅度相对更大,且局部由负值反向为正值。

图 4-2(c)为两个测点的总场 Z 分量单对数曲线。对 $X=100$ m 处测点的正常曲线,幅值表现为正值,极大值在 15 000 pT 左右,曲线呈现先不变、再快

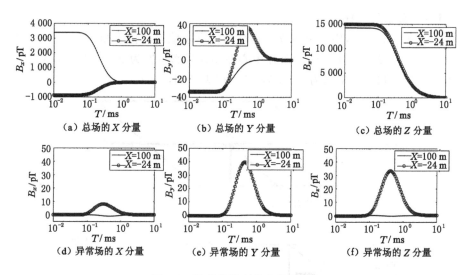

图 4-2 陷落柱模型单点曲线图

速衰减、最后稳定为零值的特征；对 $X=-24$ m 处测点的异常曲线，幅值也表现为正值，但极大值超过正常曲线，曲线呈现先不变、然后再快速衰减、最后稳定为零值的特征。比较两条曲线可知，其稳定期和快速变化期的时间范围基本一致，但异常曲线幅值极大值相对更大，且与正常曲线极性相同。

图 4-2(d)为两个测点的异常场 X 分量单对数曲线，其中异常场指仅由陷落柱产生的感应二次场。$X=100$ m 处测点曲线代表远离陷落柱的测点曲线，$X=-24$ m 处测点曲线为陷落柱中心处的测点曲线。由图可见，$X=100$ m 处测点曲线基本为零值，$X=-24$ m 处测点曲线在开始时间和后期也为零值，但在 $0.1\sim1$ ms 期间出现正值隆起，其幅值极大值小于 10 pT。

图 4-2(e)为两个测点的异常场 Y 分量单对数曲线。由图可见，$X=100$ m 处测点曲线基本为零值，$X=-24$ m 处测点曲线在开始时间和后期也为零值，但在 $0.1\sim1$ ms 期间出现正值隆起，其幅值极大值接近 40 pT。

图 4-2(f)为两个测点的异常场 Z 分量单对数曲线。由图可见，$X=100$ m 处测点曲线基本为零值，$X=-24$ m 处测点曲线在开始时间和后期也为零值，但在 $0.1\sim1$ ms 期间出现正值隆起，其幅值极大值小于 40 pT。

总结上述曲线特征可知，陷落柱异常体感应场二次场的三个分量的表现形式有其相同点，也有不同点。相同点在于影响时间范围均在 $0.1\sim1$ ms 之间，而不同点在于对幅值的影响程度存在较大差异。

图 4-3 为感应总场与异常场的三个分量的时间道曲线。时间道曲线能反

映陷落柱异常体在不同时间窗口的响应。

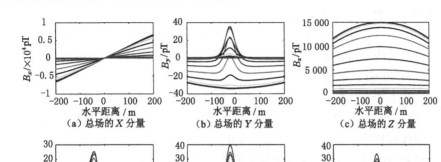

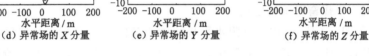

图 4-3　陷落柱模型时间道曲线图

图 4-3(a)为感应总场的 X 分量时间道曲线图。由图可见,曲线整体规律明显,以中间测点为界,左右两边分别为负值与正值,且基本为斜度不一的直线。曲线幅值超过 $\pm 5\ 000$ pT,在陷落柱位置附近,未发现明显的曲线抖动。

图 4-3(b)为感应总场的 Y 分量时间道曲线图。由图可见,曲线总体为等间隔分布,呈现一定的整体规律。在陷落柱位置附近,曲线发生明显的正值隆起,对规律的曲线整体分布形成明显的扰动。正常曲线幅值的极大值约为 30 pT 左右,而陷落柱位置处曲线幅值接近 40 pT。

图 4-3(c)为感应总场的 Z 分量时间道曲线图。由图可见,曲线总体为等间隔分布,均为正值,呈现明显的整体规律。曲线幅值极大值能达到 15 000 pT,在陷落柱位置附近,未发现明显的曲线抖动。

图 4-3(d)为异常场的 X 分量时间道曲线图,此处异常场指陷落柱异常体产生的感应场。由图可见,曲线呈现明显的整体规律,左侧为正值,右侧为负值,表现为"N"形。曲线中间过零点位置与陷落柱位置重合,幅值极值在 ± 20 pT 左右。对比该分量感应总场的幅值,异常幅值在总场中占比太小,故在总场的时间道曲线中异常反映不明显。

图 4-3(e)为异常场的 Y 分量时间道曲线图。由图可见,曲线整体为正值隆起的抛物线,近似倒"V"形。曲线极大值位置与陷落柱位置重合,幅值极大

值接近 40 pT。对比该分量感应总场的幅值，异常幅值与其相当，故在总场的时间道曲线中异常反映明显。

图 4-3(f)为异常场的 Z 分量时间道曲线图。由图可见，曲线整体为正值隆起的抛物线，近似倒"V"形。曲线极大值位置与陷落柱位置重合，幅值极大值不超过 40 pT。异常幅值在总场中占比太小，在总场中反映不明显。

总结上述曲线特征可知，感应总场和异常场三个分量的时间道曲线表现各不相同。感应总场的 X 分量以中间测点为界限，两侧为明显的正负分布，符合回线磁场的分布；Y、Z 分量均为正值分布，规律相同，但 Y 分量幅值很小。异常场的 X 分量明显表现为先正后负的"N"形；Y、Z 分量均表现为正值的倒"V"形。感应总场的幅值除 Y 分量外，均远远大于异常场，而异常场的幅值均相对较小，极值不超过 40 pT。

4.1.2 小煤窑积水采空区

如图 4-4 所示，用低电阻水平板状体代替的小煤窑积水采空区与测线埋深相同，位于测线旁侧，规模为 20 m×20 m×4 m，采空区中心在测线投影位置为 $X=-24$ m，X 坐标为 $(-34,-14)$，Y 坐标为 $(-35,-15)$，Z 坐标为 $(296,300)$。

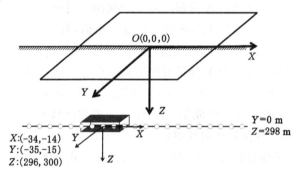

图 4-4　小煤窑积水采空区模型示意图

数值模拟得到该模型地面-钻孔瞬变电磁法感应二次场的三个分量。选取采空区中心投影 $X=-24$ m 处测点和最远端 $X=100$ m 处测点，分别绘制其感应场总场与异常场的三分量单点曲线，见图 4-5。

图 4-5(a)为两个测点的总场 X 分量单对数曲线。对 $X=100$ m 处测点的正常曲线，幅值极大值表现为正值且超过 3 000 pT，曲线呈现先不变、再快速衰减、最后稳定为零值的特征；对 $X=-24$ m 处测点的异常曲线，幅值表现为负值且幅度约为 1 000 pT，曲线也呈现先不变、再快速衰减、最后稳定为零

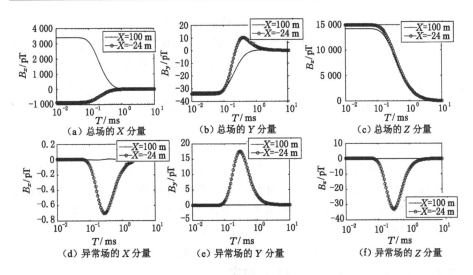

图 4-5　采空区模型单点曲线图

值的特征。比较两条曲线可知,其稳定期和快速变化期的时间范围基本一致,但异常曲线幅值极大值相对更小,且与正常曲线极性相反。

图 4-5(b)为两个测点的总场 Y 分量单对数曲线。对 $X=100$ m 处测点的正常曲线,幅值表现为负值且幅度超过 30 pT,曲线呈现先不变、再快速衰减、最后稳定为零值的特征;对 $X=-24$ m 处测点的异常曲线,幅值也表现为负值且极值超过 $X=100$ m 处测点的曲线,曲线呈现先不变、然后急剧反向再快速衰减、最后稳定为零值的特征。比较两条曲线可知,其稳定期和快速变化期的时间范围基本一致,但异常曲线幅值极值相对更大,且与正常曲线在局部的极性不同。

图 4-5(c)为两个测点的总场 Z 分量单对数曲线。对 $X=100$ m 处测点的正常曲线,幅值表现为正值,极大值在 15 000 pT 左右,曲线呈现先不变、再快速衰减、最后稳定为零值的特征;对 $X=-24$ m 处测点的异常曲线,幅值也表现为正值,但极大值超过 $X=100$ m 处测点的曲线,曲线呈现先不变、然后快速衰减、最后稳定为零值的特征。比较两条曲线可知,其稳定期和快速变化期的时间范围基本一致,但异常曲线幅值极大值相对更大。

图 4-5(d)为两个测点的异常场 X 分量单对数曲线,其中异常场指仅由采空区产生的感应二次场。$X=100$ m 处测点的曲线代表远离采空区的测点曲线,$X=-24$ m 处测点的曲线为采空区中心处的测点曲线。由图可见,$X=100$ m 处测点的曲线基本为零值,$X=-24$ m 处测点的曲线在开始时间和后

期也为零值,但在 0.1~1 ms 期间出现负值凹陷,幅值大于 0.6 pT。

图 4-5(e)为两个测点的异常场 Y 分量单对数曲线。由图可见,$X=100$ m 处测点的曲线基本为零值,$X=-24$ m 处测点的曲线在开始时间和后期也为零值,但在 0.1~1 ms 期间出现正值隆起,但幅值极大值小于 20 pT。

图 4-5(f)为两个测点的异常场 Z 分量单对数曲线。由图可见,$X=100$ m 处测点的曲线基本为零值,$X=-24$ m 处测点的曲线在开始时间和后期基本为零值,但在 0.1~1 ms 期间出现负值隆起,幅值超过 30 pT。

总结上述曲线特征可知,采空区异常体感应场二次场的三个分量的表现形式有其相同点,也有不同点。相同点在于影响时间范围均在 0.1~1 ms 之间,而不同点在于对幅值的影响程度存在较大差异。异常场的影响在形式上也各有差别,对于 X、Z 分量,呈现负值凹陷的特征,而 Y 分量则为正值隆起。

图 4-6 为感应总场与异常场的三个分量的时间道曲线。时间道曲线能反映采空区异常体在不同时间窗口的响应。

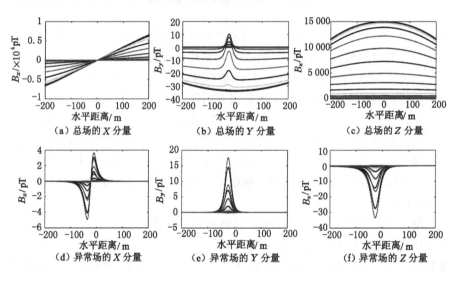

图 4-6　采空区模型时间道曲线图

图 4-6(a)为感应总场的 X 分量时间道曲线图。由图可见,曲线整体规律明显,左右两边分别为负值和正值。曲线在采空区位置附近,未发现明显的曲线抖动。

图 4-6(b)为感应总场的 Y 分量时间道曲线图。由图可见,曲线总体为等间隔分布,在采空区位置附近,曲线发生明显的正值隆起,对规律的曲线整体

分布形成明显的扰动。正常曲线幅值的极大值在 -35 pT 左右,而采空区位置处曲线幅值超过 10 pT。

图 4-6(c)为感应总场的 Z 分量时间道曲线图。由图可见,曲线总体为等间隔分布,均为正值,呈现明显的整体规律。曲线在采空区位置附近,未发现明显的曲线抖动。

图 4-6(d)为异常场的 X 分量时间道曲线图,此处异常场指采空区异常体产生的感应场。由图可见,曲线呈现明显的整体规律,左侧为负值,右侧为正值,表现为倒"N"形。曲线中间过零点位置与采空区位置重合,幅值极值在 ± 4 pT 左右。异常幅值在总场的时间道曲线中异常反映不明显。

图 4-6(e)为异常场的 Y 分量时间道曲线图。由图可见,曲线整体为正值隆起的抛物线,近似倒"V"形。曲线极大值位置与采空区位置重合,幅值极大值接近 18 pT。对比该分量感应总场的幅值,异常幅值与其相当,故在总场的时间道曲线中异常反映明显。

图 4-6(f)为异常场的 Z 分量时间道曲线图。由图可见,曲线整体为负值凹陷的抛物线,近似"V"形。曲线极大值位置与采空区位置重合,幅值极值超过 -30 pT。异常幅值在总场中占比太小,反映不明显。

总结上述曲线特征可知,感应总场和异常场三个分量的时间道曲线表现各不相同。感应总场的 X 分量以中间测点为界限,两侧为明显的正负分布,符合回线磁场的分布;Y、Z 分量分别为负值与正值分布,规律相同,但 Y 分量幅值很小。异常场的 X 分量明显表现为先负后正的倒"N"形;Y 分量表现为正值的倒"V"形;Z 分量表现为负值的"V"形。感应总场的幅值除 Y 分量外,均远远大于异常场,而异常场的幅值均相对较小,极值不超过 40 pT,尤其 X 分量,极值接近于零值。

4.1.3　含导水断层

如图 4-7 所示,用低电阻直立板状体代替的直立含导水断层位于测线旁侧,规模为 40 m×10 m×48 m,断层中心在测线投影位置为 $X = -24$ m,X 坐标为$(-44, -4)$,Y 坐标为$(-25, -15)$,Z 坐标为$(274, 322)$。

数值模拟得到感应二次场的三个分量。选取断层中心投影 $X = -24$ m 处测点和最远端 $X = 100$ m 处测点,分别绘制其感应场总场与异常场的三分量单点曲线,见图 4-8。

图 4-8(a)为两个测点的总场 X 分量单对数曲线。对 $X = 100$ m 处测点的正常曲线,幅值极大值表现为正值且超过 3 000 pT,曲线呈现先不变、再快速衰减、最后稳定为零值的特征;对 $X = -24$ m 处测点的异常曲线,幅值表现

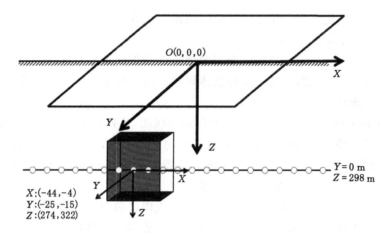

图 4-7 直立含导水断层模型示意图

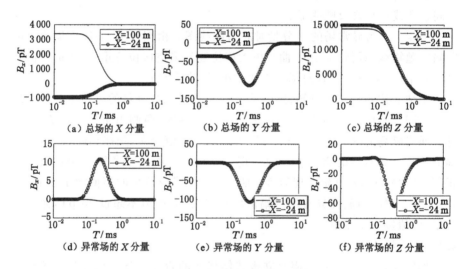

图 4-8 断层模型单点曲线图

为负值且幅度小于 1 000 pT,曲线也呈现先不变、再快速衰减、最后稳定为零值的特征。比较两条曲线可知,其稳定期和快速变化期的时间范围基本一致,但异常曲线幅值极大值相对更小,且与正常曲线极性相反。

图 4-8(b)为两个测点的总场 Y 分量单对数曲线。对 $X=100$ m 处测点的正常曲线,幅值表现为负值且幅度超过 30 pT,曲线呈现先不变、再快速衰减、最后稳定为零值的特征;对 $X=-24$ m 处测点的异常曲线,幅值也表现为负值且幅度超过 100 pT,曲线呈现先不变、再急剧增加、继而衰减稳定为零值的

特征。比较两条曲线可知,其稳定期和快速变化期的时间范围基本一致,但异常曲线幅度相对更大。

图 4-8(c)为两个测点的总场 Z 分量单对数曲线。对 $X=100$ m 处测点的正常曲线,幅值表现为正值,极大值在 15 000 pT 左右,曲线呈现先不变、再快速衰减、最后稳定为零值的特征;对 $X=-24$ m 处测点的异常曲线,幅值也表现为正值,但极大值超过 $X=100$ m 处测点的曲线极大值,曲线呈现先不变、然后再快速衰减、最后稳定为零值的特征。比较两条曲线可知,其稳定期和快速变化期的时间范围基本一致,但异常曲线幅值极大值相对更大,且与正常曲线极性相同。

图 4-8(d)为两个测点的异常场 X 分量单对数曲线,其中异常场指仅由断层产生的感应二次场。$X=100$ m 处测点的曲线代表远离断层的测点曲线,$X=-24$ m 处测点的曲线为断层中心处的测点曲线。由图可见,$X=100$ m 处测点的曲线基本为零值,$X=-24$ m 处测点的曲线在开始时间和后期也为零值,但在 $0.1\sim1$ ms 期间出现正值隆起,幅值极大值超过 10 pT。

图 4-8(e)为两个测点的异常场 Y 分量单对数曲线。由图可见,$X=100$ m 处测点的曲线基本为零值,$X=-24$ m 处测点的曲线在开始时间和后期也为零值,但在 $0.1\sim1$ ms 期间出现负值凹陷,幅度超过 100 pT。

图 4-8(f)为两个测点的异常场 Z 分量单对数曲线。由图可见,$X=100$ m 处测点的曲线基本为零值,$X=-24$ m 处测点的曲线在开始时间和后期也为零值,但在 $0.1\sim1$ ms 期间出现负值凹陷,幅度超过 60 pT。

总结上述曲线特征可知,断层异常体感应场二次场的三个分量的表现形式有其相同点,也有不同点。相同点在于影响时间范围均在 $0.1\sim1$ ms 之间,而不同点在于对幅值的影响有的为正值,有的为负值,且程度存在较大差异。

图 4-9 为感应总场与异常场的三个分量的时间道曲线。时间道曲线能反映断层异常体在不同时间窗口的响应。

图 4-9(a)为感应总场的 X 分量时间道曲线图。由图可见,曲线以中间测点为界,左右两边分别为负值和正值。曲线在断层位置附近未发现明显的曲线抖动。

图 4-9(b)为感应总场的 Y 分量时间道曲线图。由图可见,曲线总体为等间隔分布,呈现一定的整体规律。在断层位置附近,曲线发生明显正负值交替的隆起与凹陷,对规律的曲线整体分布形成明显的扰动。正常曲线的幅度不超过 40 pT,而断层位置处曲线幅度变化超过 100 pT。

图 4-9(c)为感应总场的 Z 分量时间道曲线图。由图可见,曲线总体为等

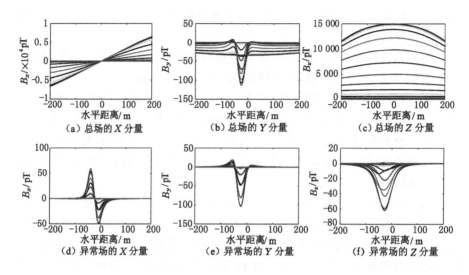

（a）总场的 X 分量　　（b）总场的 Y 分量　　（c）总场的 Z 分量

（d）异常场的 X 分量　（e）异常场的 Y 分量　（f）异常场的 Z 分量

图 4-9　断层模型时间道曲线图

间隔分布，均为正值，单个时间道曲线的幅值基本稳定，呈现明显的整体规律。曲线在断层位置附近未发现明显的曲线抖动。

图 4-9(d)为异常场的 X 分量时间道曲线图，此处异常场指断层异常体产生的感应场。由图可见，曲线呈现明显的整体规律，表现为"N"形。曲线中间极大值点位置与断层位置重合，幅值极大值超过 50 pT。异常幅值在总场中占比太小，反映不明显。

图 4-9(e)为异常场的 Y 分量时间道曲线图。由图可见，曲线整体为左正右负的"V"形。曲线过零点位置与断层位置重合，幅值极大值超过 100 pT。对比该分量感应总场的幅值，异常幅值与其相当，故在总场的时间道曲线中异常反映明显。

图 4-9(f)为异常场的 Z 分量时间道曲线图。由图可见，曲线整体为负值凹陷的抛物线，近似"V"形。曲线极大值位置与断层位置重合，幅值极大值超过 60 pT。对比该分量感应总场的幅值，异常幅值在总场中反映不明显。

总结上述曲线特征可知，感应总场和异常场三个分量的时间道曲线表现各不相同。感应总场的 X 分量以中间测点为界限，两侧为明显的正、负值分布，符合回线磁场的分布；Y、Z 分量分别为负值与正值分布，规律相同，但 Y 分量幅值很小。异常场的 X 分量表现为正值的"N"形；Y 分量表现接近为负值的"V"形；Z 分量表现为负值的"V"形。感应总场的幅值除 Y 分量外，均远远大于异常场,而异常场的幅值均相对较小,最大极值只在 100 pT 左右。

4.1.4　顶板砂岩富水体

如图 4-10 所示,用低电阻块状体代替的顶板砂岩富水体位于测线上方,规模为 20 m×42 m×20 m,富水体中心在测线投影位置为 $X=-24$ m,X 坐标为$(-34,-14)$,Y 坐标为$(-21,21)$,Z 坐标为$(248,268)$。

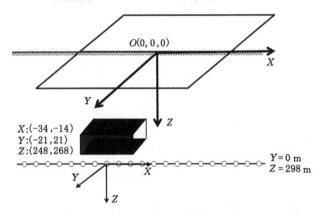

图 4-10　顶板砂岩富水体模型示意图

选取砂岩富水体中心投影 $X=-24$ m 处测点和最远端 $X=100$ m 处测点,分别绘制其感应场总场与异常场的三分量单点曲线,见图 4-11。

图 4-11(a)为两个测点的总场 X 分量单对数曲线。对 $X=100$ m 处测点的正常曲线,幅值极大值表现为正值且超过 3 000 pT,曲线呈现先不变、再快速衰减、最后稳定为零值的特征;对 $X=-24$ m 处测点的异常曲线,幅值表现为负值但程度小于 1 000 pT,曲线也呈现先不变、再快速衰减、最后稳定为零值的特征。比较两条曲线可知,其稳定期和快速变化期的时间范围基本一致,但异常曲线幅值极大值相对更小,且与正常曲线极性相反。

图 4-11(b)为两个测点的总场 Y 分量单对数曲线。对 $X=100$ m 处测点的正常曲线,幅值表现为负值且幅度超过 30 pT,曲线呈现先不变、再快速衰减、最后稳定为零值的特征;对 $X=-24$ m 处测点的异常曲线,幅值也表现为负值但幅度超过 $X=100$ m 处测点曲线的幅度,曲线呈现先不变、再衰减、最后稳定为零值的特征。比较两条曲线可知,其稳定期和快速变化期的时间范围基本一致,但异常曲线幅度相对更大。

图 4-11(c)为两个测点的总场 Z 分量单对数曲线。对 $X=100$ m 处测点的正常曲线,幅值表现为正值,极大值在 15 000 pT 左右,曲线呈现先不变、再

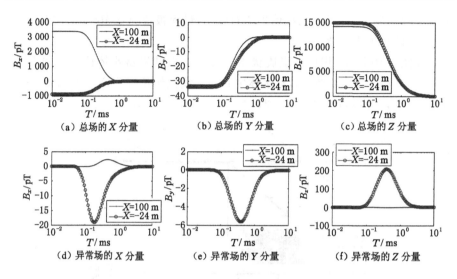

图 4-11　砂岩富水体模型单点曲线图

快速衰减、最后稳定为零值的特征；对 $X=-24$ m 处测点的异常曲线，幅值也表现为正值，但极大值超过 $X=100$ m 处测点曲线的极大值，曲线呈现先不变、然后再快速衰减、最后稳定为零值的特征。比较两条曲线可知，其稳定期和快速变化期的时间范围基本一致，但异常曲线幅值极大值相对更大，且与正常曲线极性相同。

图 4-11(d)为两个测点的异常场 X 分量单对数曲线，其中异常场指仅由砂岩富水体产生的感应二次场。$X=100$ m 处测点的曲线代表远离砂岩富水体的测点曲线，$X=-24$ m 处测点的曲线为砂岩富水体中心处的测点曲线。由图可见，$X=100$ m 处测点的曲线除有一些轻微抖动外基本为零值，$X=-24$ m 处测点的曲线在开始时间和后期也为零值，但在 $0.1\sim1$ ms 期间出现正值隆起，幅度接近 20 pT。

图 4-11(e)为两个测点的异常场 Y 分量单对数曲线。由图可见，$X=100$ m 处测点的曲线基本为零值，$X=-24$ m 处测点的曲线在开始时间和后期也为零值，但在 $0.1\sim1$ ms 期间出现负值凹陷，幅度接近 6 pT。

图 4-11(f)为两个测点的异常场 Z 分量单对数曲线。由图可见，$X=100$ m 处测点的曲线基本接近零值，$X=-24$ m 处测点曲线在开始时间和后期也为零值，但在 $0.1\sim1$ ms 期间出现正值隆起，幅度超过 200 pT。

总结上述曲线特征可知，砂岩富水体异常体感应场二次场的三个分量的表现形式有其相同点，也有不同点。相同点在于影响时间范围均在 0.1～

1 ms之间,而不同点在于对幅值的影响程度存在较大差异。X、Y分量异常场相对较小,而 Z 分量异常幅度相对较大。

连接不同测点相同时间道的感应值,得到时间道曲线。图 4-12 为感应总场与异常场的三个分量的时间道曲线。时间道曲线能反映砂岩富水体异常体在不同时间窗口的响应。

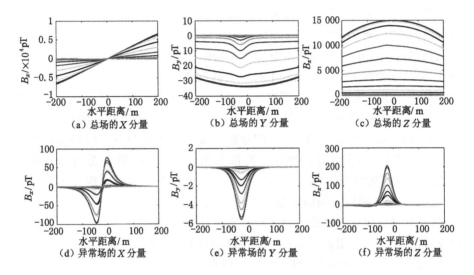

图 4-12　砂岩富水体模型时间道曲线图

图 4-12(a)为感应总场的 X 分量时间道曲线图。由图可见,曲线以中间测点为界,左右两边分别为负值和正值。曲线在砂岩富水体位置附近,未发现明显的曲线抖动。

图 4-12(b)为感应总场的 Y 分量时间道曲线图。由图可见,曲线呈现一定的整体规律,在砂岩富水体位置附近,曲线发生明显的负值凹陷,对规律的曲线整体分布形成明显的扰动。

图 4-12(c)为感应总场的 Z 分量时间道曲线图。由图可见,曲线总体为等间隔分布,均为正值,呈现明显的整体规律。曲线在砂岩富水体位置附近,能发现轻微的曲线抖动。

图 4-12(d)为异常场的 X 分量时间道曲线图,此处异常场指砂岩富水体异常体产生的感应场。由图可见,曲线呈现明显的整体规律,左侧为负值,右侧为正值,表现为倒"N"形。曲线中间过零点位置与砂岩富水体位置重合,幅值极值在 ±100 pT 左右。异常幅值在总场中占比太小,故在总场时间道曲线

中反映不明显。

图 4-12(e)为异常场的 Y 分量时间道曲线图。由图可见,曲线整体为负值凹陷的抛物线,近似"V"形。曲线极小值位置与砂岩富水体位置重合,幅度接近 6 pT。对比该分量感应总场的幅值,异常幅值占比相对较大,故在总场的时间道曲线中异常反映明显。

图 4-12(f)为异常场的 Z 分量时间道曲线图。由图可见,曲线整体为正值隆起的抛物线,近似倒"V"形。曲线极大值位置与砂岩富水体位置重合,幅值极大值超过 200 pT。对比该分量感应总场的幅值,异常幅值在总场中占有一定比例,故在总场的时间道曲线上有一定的反映。

总结上述曲线特征可知,感应总场和异常场三个分量的时间道曲线表现各不相同。感应总场的 X 分量以中间测点为界限,两侧为明显的正、负值分布,符合回线磁场的分布;Y、Z 分量分别为负值与正值分布,规律相同,但 Y 分量幅值很小且在异常处出现明显的负值凹陷。异常场的 X 分量明显表现为先负后正的倒"N"形;Y 分量表现为负值的"V"形;Z 分量表现为正值的倒"V"形。X 分量感应总场幅值远大于异常场,使得异常响应在总场中反映不明显;Y 分量感应总场幅值中异常场占比相对较大,使得异常响应在总场中能明显看出来,但其绝对值较小;Z 分量感应总场幅值虽大于异常场,但异常场幅值也较强(接近 200 pT),使得异常响应在总场中能有一定的反映。

4.2　主要参数影响规律

4.2.1　回线源

如图 4-13 所示,测线旁侧存在一个低电阻异常体,其中心点坐标为 $(-24,-25,298)$,异常体尺寸为 20 m×20 m×4 m,地面回线磁源为正方向,其尺寸分别设置为 200 m×200 m、400 m×400 m 和 600 m×600 m。对三种尺寸回线源分别发射时,进行异常体的感应二次场正演,获得不同尺寸回线源激发的感应二次场。

图 4-14 为不同回线源模型正演后获得的感应场三分量,其中(a)、(b)、(c)分别为 200 m×200 m 回线源时的 X、Y、Z 分量时间道曲线图,(d)、(e)、(f)分别为 400 m×400 m 回线源时的 X、Y、Z 分量时间道曲线图,(g)、(h)、(i)分别为 600 m×600 m 回线源时的 X、Y、Z 分量时间道曲线图。

对 200 m×200 m 回线源模型而言,感应场 X 分量表现为左负右正、以中间零点为界左右斜对称的特征,异常体在时间道曲线图上没有明显的表现;感

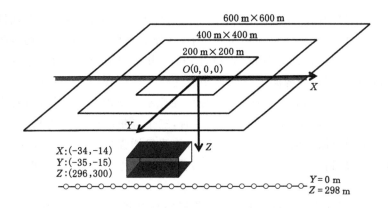

图 4-13 不同尺寸回线模型示意图

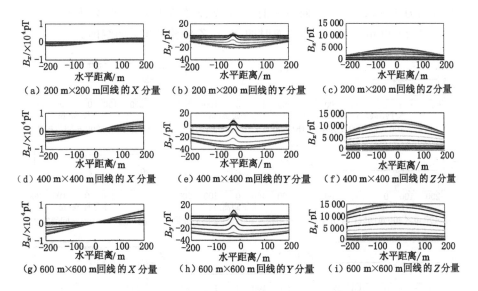

（a）200 m×200 m回线的 X 分量　（b）200 m×200 m回线的 Y 分量　（c）200 m×200 m回线的 Z 分量

（d）400 m×400 m回线的 X 分量　（e）400 m×400 m回线的 Y 分量　（f）400 m×400 m回线的 Z 分量

（g）600 m×600 m回线的 X 分量　（h）600 m×600 m回线的 Y 分量　（i）600 m×600 m回线的 Z 分量

图 4-14 不同尺寸回线模型总场时间道曲线图

应场 Y 分量表现为整体宽缓性负值凹陷,局部向上隆起的特征,异常体位置与时间道曲线图局部隆起位置吻合,应为异常体的响应;感应场 Z 分量表现为整体宽缓性正值隆起的特征,异常体在时间道曲线图上没有明显的表现。

对 400 m×400 m 和 600 m×600 m 回线源模型而言,其三个分量的时间道曲线图与 200 m×200 m 回线源模型所表现出的特征基本一致,此处不再重复。

比较三个模型的结果发现,在不同尺寸回线源的激发下,各分量表现特征存在明显的相同点和不同点。相同点在于,各分量的曲线形态一致,均表现为 X 分量左负右正斜对称,Y 分量向下凹陷和 Z 分量向上隆起。不同点在于,各分量幅值在不同回线源激发条件下相应变化。当回线源从 200 m×200 m 增加到 400 m×400 m 时,三个分量的极值在原基础上增加约一倍;当回线源从 400 m×400 m 增加到 600 m×600 m 时,三个分量的极值变化相对较小。可见,一定范围内加大地面回线源的尺寸,能明显增强地下感应信号的强度,但回线尺寸增加到一定程度后,感应信号强度似乎到了极限,增强程度开始减弱。

图 4-15 为不同回线源模型正演后获得的异常场三分量,其中(a)、(b)、(c)分别为 200 m×200 m 回线源时的 X、Y、Z 分量时间道曲线图,(d)、(e)、(f)分别为 400 m×400 m 回线源时的 X、Y、Z 分量时间道曲线图,(g)、(h)、(i)分别为 600 m×600 m 回线源时的 X、Y、Z 分量时间道曲线图。

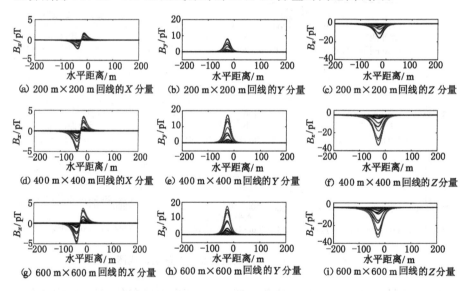

(a) 200 m×200 m 回线的 X 分量　(b) 200 m×200 m 回线的 Y 分量　(c) 200 m×200 m 回线的 Z 分量

(d) 400 m×400 m 回线的 X 分量　(e) 400 m×400 m 回线的 Y 分量　(f) 400 m×400 m 回线的 Z 分量

(g) 600 m×600 m 回线的 X 分量　(h) 600 m×600 m 回线的 Y 分量　(i) 600 m×600 m 回线的 Z 分量

图 4-15　不同尺寸回线模型异常时间道曲线图

对 200 m×200 m 回线源模型而言,异常场 X 分量表现为左负右正的倒"N"形,过零点位置为异常体中心;异常场 Y 分量表现为正值隆起的倒"V"形,极大值点位置为异常体中心;异常场 Z 分量表现为负值凹陷的"V"形,极小值点位置为异常体中心。

对 400 m×400 m 和 600 m×600 m 回线源模型而言,其三个分量的异常场时间道曲线图与 200 m×200 m 回线源模型所表现出的特征基本一致,此处不再重复。

比较三个模型的异常场结果发现,在不同尺寸回线源的激发下,各分量表现特征存在明显的相同点和不同点。相同点在于,各分量的曲线形态一致,其中 X 分量为倒"N"形,Y 分量为倒"V"形,Z 分量为"V"形。不同点在于,各分量幅值在不同回线源激发条件下相应变化。当回线源从 200 m×200 m 增加到 400 m×400 m 时,三个分量的极值在原基础上增加约一倍;当回线源从 400 m×400 m 增加到 600 m×600 m 时,三个分量的极值基本没有变化。可见,一定范围内加大地面回线源的尺寸,能明显增强异常体感应信号的强度,但回线尺寸增加到一定程度后,感应信号强度达到极限,基本不再变化。

综合以上对不同尺寸回线源激发条件下,感应总场和异常场的分析可知,地面回线源尺寸的改变,不影响感应总场和异常场的曲线特征,只改变接收信号的强度。对感应总场而言,随着回线源尺寸的增加,总场强随之增加,但在一定尺寸后增加幅度减小;对异常场而言,随着回线源尺寸的增加,异常场场强随之增加,但在一定尺寸后,异常场场强达到极限。因此,在实际的地面-钻孔瞬变电磁法施工中,回线源尺寸并不需要始终增加,而要根据测线埋深进行优化。

4.2.2 低电阻覆盖层

如图 4-16 所示,测线旁侧存在一个低电阻异常体,其中心点坐标为(−24,−25,298),异常体尺寸为 20 m×20 m×4 m,地面回线磁源尺寸为 600 m×600 m。在地表下设置一个 100 m 厚的低电阻覆盖层,分别设定覆盖

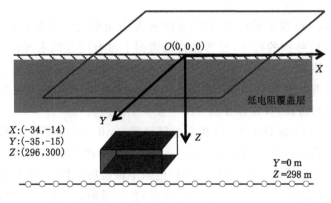

图 4-16　低电阻覆盖层模型示意图

层电阻率分别为 20 Ω·m、50 Ω·m 和 100 Ω·m。对不同电阻率覆盖层存在时,异常体的感应二次场进行正演,获得不同低电阻覆盖层影响下异常体的感应二次场。

图 4-17 为不同回线源模型正演后获得的感应场三分量,其中(a)、(b)、(c)分别为 20 Ω·m 覆盖层时的 X、Y、Z 分量时间道曲线图,(d)、(e)、(f)分别为 50 Ω·m 覆盖层时的 X、Y、Z 分量时间道曲线图,(g)、(h)、(i)分别为 100 Ω·m 覆盖层时的 X、Y、Z 分量时间道曲线图。

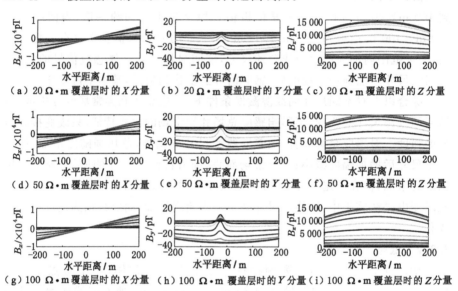

图 4-17　低电阻覆盖层模型总场时间道曲线图

对 20 Ω·m 覆盖层模型而言,感应场 X 分量表现为左负右正、以中间零点为界左右斜对称的特征,异常体在测道图上没有明显的表现;感应场 Y 分量表现为整体宽缓性负值凹陷,局部向上隆起的特征,异常体位置与时间道曲线图局部隆起位置吻合,应为异常体的响应;感应场 Z 分量表现为整体宽缓性正值隆起的特征,异常体在测道图上没有明显的表现。

对 50 Ω·m 和 100 Ω·m 覆盖层模型而言,其三个分量的时间道曲线图与 20 Ω·m 覆盖层模型表现特征基本一致,此处不再重复。

比较三个模型的结果发现,在不同电阻率覆盖层条件下,各分量表现特征存在明显的相同点和不同点。相同点在于,各分量的曲线形态一致,均表现为 X 分量左负右正斜对称,Y 分量向下凹陷,Z 分量向上隆起。不同点在于,

Y 分量中局部隆起的幅度在不同覆盖层条件下相应变化。随着覆盖层电阻率的增加,隆起幅度随之增加。

图 4-18 为不同覆盖层模型正演后获得的异常场三分量,其中(a)、(b)、(c)分别为 20 Ω·m 覆盖层时的 X、Y、Z 分量时间道曲线图,(d)、(e)、(f)分别为 50 Ω·m 覆盖层时的 X、Y、Z 分量时间道曲线图,(g)、(h)、(i)分别为 100 Ω·m 覆盖层时的 X、Y、Z 分量时间道曲线图。

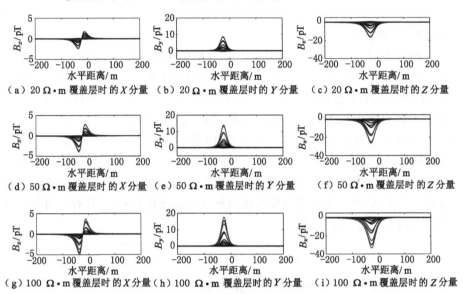

（a）20 Ω·m 覆盖层时的 X 分量　（b）20 Ω·m 覆盖层时的 Y 分量　（c）20 Ω·m 覆盖层时的 Z 分量

（d）50 Ω·m 覆盖层时的 X 分量　（e）50 Ω·m 覆盖层时的 Y 分量　（f）50 Ω·m 覆盖层时的 Z 分量

（g）100 Ω·m 覆盖层时的 X 分量（h）100 Ω·m 覆盖层时的 Y 分量　（i）100 Ω·m 覆盖层时的 Z 分量

图 4-18　低电阻覆盖层模型异常时间道曲线图

对 20 Ω·m 覆盖层模型而言,异常场 X 分量表现为左负右正的倒"N"形,过零点位置为异常体中心;异常场 Y 分量表现为正值隆起的倒"V"形,极大值点位置为异常体中心;异常场 Z 分量表现为负值凹陷的"V"形,极小值点位置为异常体中心。

对 50 Ω·m 和 100 Ω·m 覆盖层模型而言,其三个分量的时间道曲线图与 20 Ω·m 覆盖层模型表现特征基本一致,此处不再重复。

比较三个模型的异常场结果发现,在不同电阻率覆盖层条件下,各分量表现特征存在明显的相同点和不同点。相同点在于,各分量的曲线形态一致,其中 X 分量为倒"N"形,Y 分量为倒"V"形,Z 分量为"V"形。不同点在于,各分量幅值在不同电阻率覆盖层条件下相应变化。在覆盖层电阻率从 20 Ω·m 增加到 50 Ω·m 再到 100 Ω·m 的过程中,三个分量的极值随之不断增加。

可见,覆盖层电阻率的增加,能明显增强异常体感应信号的强度。

综合以上对不同电阻率覆盖层条件下,感应总场和异常场的分析可知,地层上部覆盖层的改变,不影响感应总场和异常场的曲线特征,对总场感应强度的影响相对较小,但对异常信号的强度改变相对较大。对异常场而言,随着覆盖层电阻率的增加,异常场场强随之增加。因此,在实际的地面-钻孔瞬变电磁法施工中,地层上部覆盖层电阻率相对大的条件下,更能引起异常体的响应。

4.2.3 不同方位

如图 4-19 所示,设置低电阻异常体分别位于测线截面的四个边角,分别进行正演,获得不同方位低电阻异常体的感应二次场。异常体尺寸为 20 m× 20 m×20 m,中心点在测线投影位置为 $X=-24$ m。各个异常体边界与测线在 Y 方向的距离均为 15 m,1、2 号异常体边界与测线在 Z 方向的距离为 28 m,3、4 号异常体边界与测线在 Z 方向的距离为 24 m。认为异常在 Z 方向上与测线的距离差异,相对于空间方位的不同而言,引起的感应场变化相对可以忽略。由于四组模型中,只有异常体方位发生变化,回线源、半空间电阻率等均没有变化,场的不同只与异常体的相对方位变化相关,故只对不同方位时异常场的变化进行分析。

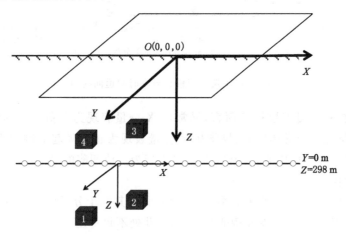

图 4-19　不同方位异常体模型示意图

图 4-20 为不同方位异常体正演后获得的感应二次异常场的三个分量,其中(a)、(b)、(c)分别为 1 号异常体的 X、Y、Z 分量异常时间道曲线图,(d)、(e)、(f)分别为 2 号异常体的 X、Y、Z 分量异常时间道曲线图,(g)、(h)、(i)分

别为 3 号异常体的 X、Y、Z 分量异常时间道曲线图，(j)、(k)、(l)分别为 4 号异常体的 X、Y、Z 分量异常时间道曲线图。

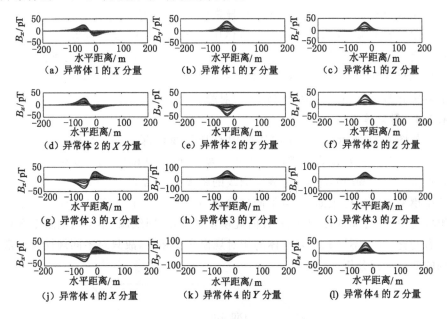

图 4-20　不同方位异常体模型时间道曲线图

　　对 1 号异常体而言，异常场的 X 分量表现为先正后负两个波峰的"N"形，曲线过零点位置与 1 号异常体的中心位置吻合；异常场的 Y、Z 分量均表现为正值隆起的倒"V"形，曲线极值点位置与 1 号异常体的中心位置吻合。

　　对 2 号异常体而言，异常场的 X 分量表现为先正后负两个波峰的"N"形，曲线过零点位置与 1 号异常体的中心位置吻合；异常场的 Y 分量表现为负值凹陷的"V"形，曲线极值点位置与 1 号异常体的中心位置吻合；异常场的 Z 分量表现为正值隆起的倒"V"形，曲线极值点位置与 1 号异常体的中心位置吻合。

　　对 3 号异常体而言，异常场的 X 分量表现为先负后正两个波峰的倒"N"形，曲线过零点位置与 1 号异常体的中心位置吻合；异常场的 Y、Z 分量均表现为正值隆起的倒"V"形，曲线极值点位置与 1 号异常体的中心位置吻合。

　　对 4 号异常体而言，异常场的 X 分量表现为先负后正两个波峰的倒"N"形，曲线过零点位置与 1 号异常体的中心位置吻合；异常场的 Y 分量表现为负值凹陷的"V"形，曲线极值点位置与 1 号异常体的中心位置吻合；异常场的

Z 分量表现为正值隆起的倒"V"形,曲线极值点位置与 1 号异常体的中心位置吻合。

由以上分析可知,对 1、2、3、4 号异常体而言,其感应异常场的 X、Y、Z 三个分量均有明显反映,且能确定异常体中心在测线上的投影位置。对不同方位而言,三个分量曲线形态的组合结果各不相同,说明处于测线的不同位置,响应结果存在明显差异。这个结果进一步表明,依据感应异常场的三个分量,能确定异常体在测线的中心位置和相对测线的空间方位。

4.2.4 异常体规模

如图 4-21 所示,低阻异常体的中心与测线埋深相同,其中心点坐标为 $(-34,-35,298)$,设置异常体尺寸分别为 20 m×20 m×4 m、40 m×40 m×4 m 和 60 m×60 m×4 m,边界与测线的距离分别为 25 m、15 m 和 5 m。对三组模型分别进行正演,获得不同规模低电阻异常体的感应二次场。由于三组模型中,只有异常体的 X、Y 方向规模发生变化,回线源、半空间电阻率等均没有变化,场的不同只与异常体的相对规模变化相关,故只对不同规模时异常场的变化进行分析。

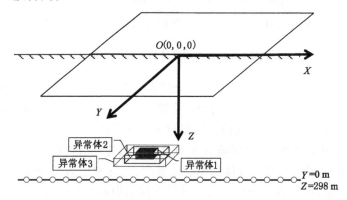

图 4-21 不同规模异常体模型示意图

图 4-22 为不同规模异常体正演后获得的感应二次异常场的三个分量,其中(a)、(b)、(c)分别为 1 号异常体(规模最小)的 X、Y、Z 分量异常时间道曲线图,(d)、(e)、(f)分别为 2 号异常体的 X、Y、Z 分量异常时间道曲线图,(g)、(h)、(i)分别为 3 号异常体(规模最大)的 X、Y、Z 分量异常时间道曲线图。

对 1 号异常体而言,异常场的 X 分量表现为先负后正两个波峰的倒"N"形,曲线过零点位置与 1 号异常体的中心位置吻合;异常场的 Y 分量表现为正值隆起的倒"V"形,曲线极值点位置与 1 号异常体的中心位置吻合;异常场

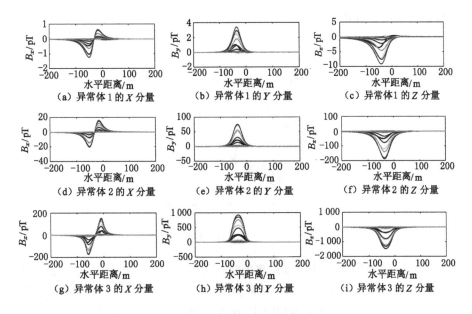

图 4-22 不同规模异常体模型异常时间道曲线图

的 Z 分量表现为负值隆起的"V"形,曲线极值点位置与 1 号异常体的中心位置吻合。

对 2 号和 3 号异常体而言,异常场的 X、Y、Z 分量表现特征与异常体 1 的表现特征一致,不再重复描述。

由以上分析可知,对 1、2、3 号异常体而言,其感应异常场的 X、Y、Z 三个分量均有明显反映,且能确定异常体中心在测线上的投影位置。对不同规模的异常体而言,其三个分量异常曲线形态表现一致。不同之处在于,异常体规模小时,响应幅度相对较小,随着异常体规模的增大,三个分量的响应幅度均快速增加。以上特征说明,异常体尺寸的增加,基本不改变响应曲线的形态,但对响应幅度影响较大,表现为规模大的异常体,三个分量响应均相对较强。

4.2.5 异常体距离

如图 4-23 所示,设置低电阻异常体分别位于测线相同埋深的不同距离处,分别进行正演,获得不同距离处相同尺寸低电阻异常体的感应二次场。异常体尺寸为 20 m×20 m×4 m,中心点在测线投影位置为 $X=-24$ m。异常体边界与测线在 Y 方向的距离称为径向距离 d,设置 d 分别为 5 m、15 m 和 25 m。由于三组模型中,只有异常体距离发生变化,回线源、半空间电阻率等均没有变化,场的不同只与异常体的相对距离变化相关,故只对不同距离时异常场的变化进行分析。

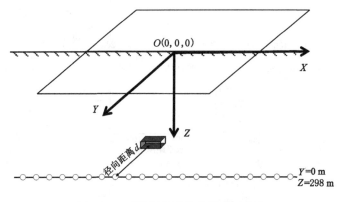

图 4-23　不同距离异常体模型示意图

　　图 4-24 为不同距离异常体正演后获得的感应二次异常场的三个分量,其中(a)、(b)、(c)分别为相距 25 m 异常体(相距最远)的 X、Y、Z 分量异常时间道曲线图,(d)、(e)、(f)分别为相距 15 m 异常体的 X、Y、Z 分量异常时间道曲线图,(g)、(h)、(i)分别为相距 5 m 异常体(距离最近)的 X、Y、Z 分量异常时间道曲线图。

　　对相距 25 m 异常体而言,异常场的 X 分量表现为先负后正两个波峰的

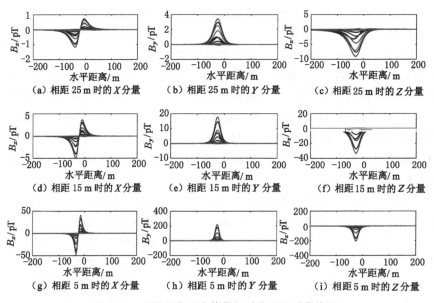

图 4-24　不同距离异常体模型异常时间道曲线图

倒"N"形,曲线过零点位置与异常体的中心位置吻合;异常场的 Y 分量表现为正值隆起的倒"V"形,曲线极值点位置与异常体的中心位置吻合;异常场的 Z 分量表现为负值隆起的"V"形,曲线极值点位置与异常体的中心位置吻合。

对相距 15 m 和 5 m 异常体而言,异常场的 X、Y、Z 分量表现特征与相距 25 m 异常体的表现特征一致,不再重复描述。

由以上分析可知,对各个不同距离的异常体而言,其感应异常场的 X、Y、Z 三个分量均有明显反映,且能确定异常体中心在测线上的投影位置。对不同规模的异常体而言,其三个分量异常曲线形态表现一致。不同之处在于,异常体距离测线远时,响应幅度相对较小,随着异常体与测线之间距离的缩小,三个分量的响应幅度均快速增加。以上特征说明,异常体距离的改变,基本不改变响应曲线的形态,但对响应幅度影响较大,表现为距离测线近的异常体,三个分量响应均相对较强。

4.3　探测深度研究

4.3.1　最小信号阈值

（1）仪器分辨能力

以国际上先进的 DAT 井中瞬变电磁探管为例,说明当前仪器的分辨能力。

DAT 井中瞬变电磁探管是由澳大利亚 EMIT 公司研发,使用井中供电、三分量磁通门测量、全方位加速计进行空间姿态校准等技术,进行钻孔中瞬变电磁法三分量磁感应信号接收的一种先进的探管。相比传统的井中感应线圈瞬变电磁系统,在信噪比方面有很大优势,抗干扰能力强,是一款真正的 24 位数字系统。DAT 井中瞬变电磁探管与 EMIT 公司的 SM24 接收机搭配后,可兼容国际上通用的几种主流发射机,如凤凰公司的 T4 等,因此该探管具有较广泛的市场。

DAT 井中瞬变电磁探管采用三轴正交磁通门磁力计,其中跨孔探头和轴向探头具有相同的仪器噪声等级,大约为 3 pT。

（2）背景噪声

从实测地磁强度变化的角度,探讨地球磁场背景噪声的幅度。

在没有人为电磁干扰源的地点选定数据采集点,以 10 s 间隔采集该地点地表处的磁场数值,认为相邻数据点的变化值为该地区的磁场背景噪声值。此处以地表数据代表地下结果,忽略两者之间的差异。

图 4-25 为在新疆和榆林获得的背景噪声值,其中新疆采集 2 000 个数据,榆林采集 800 个数据。图 4-25(a)显示,噪声数据基本在 ±1 nT 范围内变化,大部分在 ±0.5 nT 范围内;图 4-25(b)显示,噪声数据基本在 ±1 nT 范围内变化,大部分在 ±0.3 nT 范围内。忽略各地磁场背景噪声的地区差异化,以新疆和榆林实测结果的上限作为背景噪声值,认为背景噪声为 ±0.5 nT。

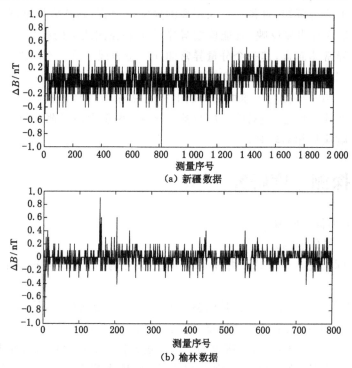

图 4-25　实测磁场背景噪声数据

(3) 最小有用信号

仪器噪声等级大约为 3 pT,取可分辨信号强度为噪声强度 3 倍计算,仪器对信号的分辨能力约为 9 pT。大地背景噪声为 ±0.5 nT,但信号采集时一般采用叠加的办法消除电磁干扰,该数值可进一步减小。取叠加次数为 500 次,则电磁噪声降低为 22 pT。同样认为有用信号强度为噪声 3 倍时,信号能被有效分辨,则最小有用信号的强度为 66 pT。

综合以上分析认为,信号强度超过 66 pT 时,能被当前仪器设备有效分辨。

4.3.2　测线极限深度

根据回线源激发磁场的空间分布特征可知,其制造的场强随深度增加而逐渐减小。当地下测线埋深越来越大时,采集的信号将越来越弱。以 600 m×600 m 回线源、20 A 电流、电阻率为 100 Ω·m 覆盖层的半空间为例,设置不同深度的测线,数值模拟采集信号的强度,通过总场信号强度与最小信号的比较,探讨测线的极限深度。

图 4-26 为不同埋深测线的三分量时间道曲线图,共有 5 行,分别为 200 m、400 m、600 m、800 m、1 000 m 深度测线的三分量感应总场。由图可见,各分量在不同深度的测道曲线形态基本一致,只是信号幅度发生变化。总体规律在于:随着测线埋深的增加,三个分量的幅度均随之减小。Y 分量理论上应为零值,因为测线并不精确位于 $Y=0$ m 平面,故此节不讨论该分量的幅值变化。

以 X、Z 分量绝对值的极大值为标准,认为该数值超过最小可分辨信号强度时,地面-钻孔瞬变电磁法可正常工作,否则认为测线到达探测极限。

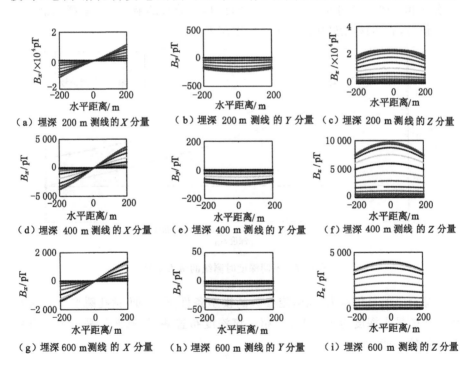

（a）埋深 200 m 测线的 X 分量　（b）埋深 200 m 测线的 Y 分量　（c）埋深 200 m 测线的 Z 分量

（d）埋深 400 m 测线的 X 分量　（e）埋深 400 m 测线的 Y 分量　（f）埋深 400 m 测线的 Z 分量

（g）埋深 600 m 测线的 X 分量　（h）埋深 600 m 测线的 Y 分量　（i）埋深 600 m 测线的 Z 分量

图 4-26　不同埋深测线的三分量测道图

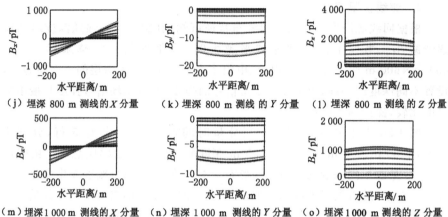

（j）埋深 800 m 测线的 X 分量　（k）埋深 800 m 测线的 Y 分量　（l）埋深 800 m 测线的 Z 分量

（m）埋深 1 000 m 测线的 X 分量　（n）埋深 1 000 m 测线的 Y 分量　（o）埋深 1 000 m 测线的 Z 分量

图 4-26　（续）

图 4-27 为测线位于不同深度时，接收到的 X、Z 分量的最大幅值。由图可知，X 分量相对弱于 Z 分量，在 1 500 m 深度时，X 分量的最大幅值触碰到最小可分辨信号，表明该深度为 X 分量的极限深度。

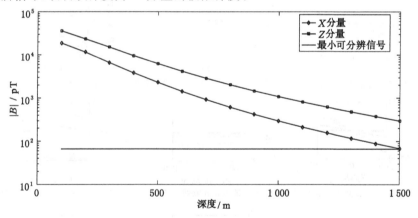

图 4-27　不同深度时测线的最大信号

综合以上分析认为，在给定参数的模型条件下，地面-钻孔瞬变电磁法布置测线的最大深度为 1 500 m。超过该深度布置测线，则面临采集不到有效 X 分量的可能。

4.4　小　　结

　　针对煤矿开采过程中常见的陷落柱、采空区、断层和顶板砂岩含水层等水源性隐蔽致灾体,建立典型的电性模型,采用时域有限差分算法对各异常体的全空间三分量响应进行数值模拟。结果表明,各异常体均有明显的三分量磁场响应,依据各分量背景场的相对强弱,总场上异常体的反映表现不一。由于测线极为接近 $Y=0$ 位置,理论上的 Y 分量背景场为零值,故异常体的 Y 分量在总场中表现明显,X、Z 分量背景值相对较强,使得异常场被掩盖。各模型异常场三分量表现形式不一,但均以"N"形和"V"形为基本形状,过零点和极值点分别指明异常体中心在测线上的位置。

　　考虑地面-钻孔瞬变电磁法工作过程中各参数对响应结果的影响,对回线源尺寸、低电阻率覆盖层、异常体方位、异常体规模和距离等五个因素的影响进行数值模拟。结果显示,回线源尺寸的增加能提高总场和异常场的响应强度,但增加幅度逐渐减弱,且异常场面临极限幅值。这表明进行地面-钻孔瞬变电磁法工作时,回线尺寸的选择并不是越大越好,而应依据测线深度进行优化。低电阻率覆盖层使得异常响应幅值随覆盖层电阻率的降低而减弱,这可以理解为异常体电阻率与围岩平均电阻率之间差值缩小所致。当异常体位于测线不同方位时,三分量异常曲线的形态随之变化,其组合形式都有其独特性,表明使用三分量曲线的组合形态可以判断异常体相对测线的大致方位。异常体距离测线远近的变化,使三分量异常曲线的幅值发生变化,但不改变曲线的形态。距离测线越远,异常信号越弱,这可以理解为二次场的距离损失。

　　以仪器精度和大地电磁噪声为基本阈值,设定叠加次数,确定可分辨最小信号。从测线深度改变时总场三分量的强度与最小信号阈值之间的相对关系探讨地面-钻孔瞬变电磁法探测深度问题。据此获得在给定参数条件下,当前仪器可分辨最小信号强度为 66 pT,测线最大深度为 1 500 m。

第5章 浮动系数空间交汇法

5.1 水平电流环磁场三分量的指向性

5.1.1 XY 平面磁矢量的指向性

为研究水平电流环在 XY 平面磁场的矢量分布特征,设置电流环中心位于坐标原点,半径为 20 m,载有 1 A 的逆时针电流,该电流环在 XY 平面的磁场矢量分布见图 5-1。图中 A、B、C、D、E、F 表示 6 个水平孔,粗线表示 X 分量,细线表示 Y 分量。从图中可以看出,水平电流环在 XY 平面产生的磁场关于电流环中心呈现中心对称分布,从 6 个钻孔的矢量方向看,X 分量在 $X<0$ 时均指向正,在 $X>0$ 时均指向负,幅值呈现"N"形分布,在电流环中心处幅值响应为零,随着远离电流环中心,幅值逐渐增大,然后减小;Y 分量在 $Y>0$ 时均指向负,在 $Y<0$ 时均指向正,在电流环中心处幅值达到极大值,随着远离电流环中心,响应强度逐渐减弱,表现出典型的单峰异常响应,响应曲线具有轴对称性。水平孔 A 不管是 X 分量还是 Y 分量,相比 B、C 孔的响应,其幅值更大。随着水平孔远离电流环中心,幅值响应逐渐变小。D、E、F 孔与 A、B、C 孔的 X 分量曲线形态相同,都是从正到负,Y 分量曲线形态相反,D、E、F 孔的幅值大小与 A、B、C 孔规律相同,不再赘述。但是值得注意的是不管水平孔位于哪个位置,X 分量和 Y 分量的合成矢量均指向电流环的中心或者背离电流环中心,这表明可以利用测线上 X 分量和 Y 分量的合成矢量确定电流环在 XY 平面上的投影坐标。

5.1.2 XZ 平面磁矢量的指向性

进一步研究水平电流环在 XZ 平面磁场的矢量分布特征。设置电流环中心位于坐标原点,半径为 20 m,载有 1 A 的逆时针电流,该圆形电流环不同 Y 方向距离在 XZ 平面上的磁场矢量分布见图 5-2。图中 A、B、C 表示三个水平

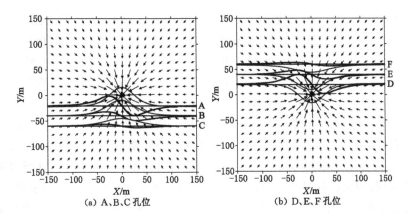

图 5-1　$Z=40$ m 时 XY 平面磁场分布及不同孔位磁场分量曲线图

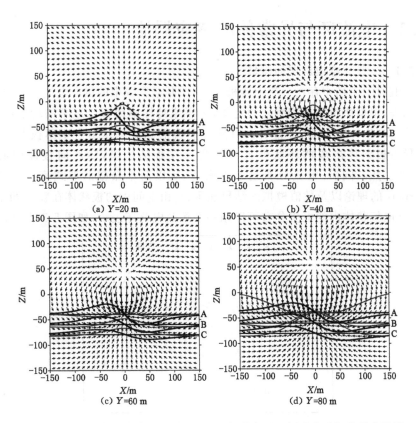

图 5-2　不同 Y 方向距离在 XZ 平面上的磁场分布及不同孔位磁场分量曲线图

孔,粗线表示 X 分量,细线表示 Z 分量。从图中可以看出,水平电流环在 XZ 平面磁场矢量分布图关于 $X=0$ 轴对称,随着 Y 方向距离的增加,电流环沿 Z 方向向两边扩散,出现两个矢量汇集中心。从三个钻孔的三分量曲线图可以看出,X 分量在 $X<0$ 时均指向正,在 $X>0$ 时均指向负,幅值呈现"N"形分布,在电流环中心处幅值响应为零,随着远离电流环中心,幅值逐渐增大,然后减小;Z 分量形态较复杂,随着 Y 方向距离的增加,当钻孔从两个矢量汇集中心穿过时,Z 分量形态发生反转,在电流环中心处幅值达到极大值,随着测线沿 Z 方向逐渐远离电流环中心,响应幅值强度逐渐变弱,表现出典型的单峰异常响应,响应曲线具有轴对称性。从 Y 方向不同距离的 XZ 切面来看,不管钻孔位于两个矢量汇集中心的上方还是下方,X 分量和 Z 分量的合成矢量都指向两个矢量汇集中心。

5.2　电流环与异常体的感应涡流

5.2.1　异常体感应涡流的磁场

假设一次场中存在一导电薄板,突然关断激发源中的供电电流,一次场瞬间消失,根据法拉第电磁感应的定律,为了维持导电薄板内原来的均匀磁场,导体内产生感应涡流(异常场),且感应涡流的磁矩总是垂直于薄板[129]。早期导电板状体形成的环状电流主要集中在板的边缘,随后向板体中心扩散[130]。短时间后,电流分布趋于平衡,然后以简单振幅的形式衰减。根据 Barnett 的理论以及数值模拟的结果显示,自由空间中的板状体在较早期至晚期,导电板状体内的电流分布可以用一个等效电流环表示,如图 5-3 所示。

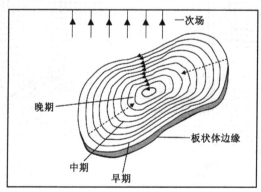

图 5-3　导电薄板涡旋电流分布示意图

　　同样地,对于一个导电球体,在一次场消失的瞬间,立即感应出涡流(异常场),并且涡流仅是分布在球体的表面,球体内的环形电流的分布受这些电流引起的磁场互相影响,向球体内移动,电流在向内移动的过程中受热损耗而减弱,电流的分布不再只是随时间而改变,此时电流的分布情况为:靠近球心电流密度沿半径的距离线性增加,在二分之一半径内相对均匀分布,并向球边缘微微地减弱。最后电流和相应的外部磁场开始以某一时间常数呈指数衰减,直到消失[129],如图 5-4 所示。图 5-4(a)是早期涡流在球体表面的分布;图 5-4(b)～(d)是不同时期球赤道平面上的涡流分布。

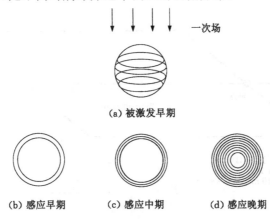

图 5-4　不同时期球体中涡流的分布

　　以导电球体为例,设半径为 R、导电率为 σ、磁导率为 μ_0 的非磁性良导球体位于自由空间中,激发源产生的一次磁场 H_0 为矩形波脉冲,则球体外部二次瞬变磁场的球坐标表达式为[51]:

$$H_r = 6H_0 \, \frac{R^3}{r^3} \cos\theta \sum_{n=1}^{\infty} \frac{1}{(n\pi)^2} e^{-n^2 \cdot t/\tau} \tag{5-1}$$

$$H_\theta = 3H_0 \, \frac{R^3}{r^3} \sin\theta \sum_{n=1}^{\infty} \frac{1}{(n\pi)^2} e^{-n^2 \cdot t/\tau} \tag{5-2}$$

$$H_\phi = 0 \tag{5-3}$$

由上面两式可见,任意时刻球体外部的二次瞬变磁场与位于球体中心偶极子的场相等效,且两个非零分量的比值 H_θ/H_r 为 $\frac{1}{2}\tan\theta$。由此可见,二次场的空间特性(矢量方向)与一次场强度、二次场的时间特性、异常体的大小及观测点距离无关,而只与感应涡流状态及观测点和"等效涡流中心"相对位置有关。

为了进一步研究地面-钻孔瞬变电磁法三维异常体感应涡流磁场随时间的分布规律,利用瞬变电磁三维时域有限差分程序正演计算异常体三分量响应。设置回线磁源为 $600\ \mathrm{m}\times600\ \mathrm{m}$,载入 1 A 逆时针电流,半空间电阻率为 $100\ \Omega\cdot\mathrm{m}$。异常体电阻率为 $1\ \Omega\cdot\mathrm{m}$,规模为 $40\ \mathrm{m}\times40\ \mathrm{m}\times40\ \mathrm{m}$,埋深 $200\ \mathrm{m}$,位于回线磁源的正下方。模型示意图如图 5-5 所示。分别计算过异常体中心 XY 平面、XZ 平面不同时刻的三分量响应,将计算的含异常体的三分量响应减去相同背景均匀半空间的三分量响应,获得异常场三分量响应。以下分析基于异常场三分量响应展开。

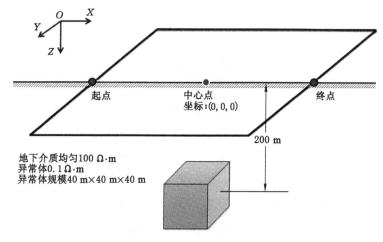

图 5-5　模型示意图

(1) XY 平面感应涡流磁场矢量分布

在 XY 平面,随着时间的传播,感应涡流磁场的 X 分量与 Y 分量的场强大小及方向在不断变化。取深度为 $210\ \mathrm{m}$,即横向穿过异常体,不同时刻 XY 平面异常体感应涡流磁场的矢量分布如图 5-6 所示。

由图 5-6 可以看出,一次场消失后,为了维持异常体内原来的均匀磁场,异常体内产生感应涡流。在早期感应涡流的磁场由异常体中心指向外,形态呈基本规则的圆环状。随着时间的推移,由中心指向外部的磁场逐渐转向,到中晚期感应涡流的磁场由外部指向异常体中心,并基本保持稳定。除该图显示的极早期($t=0.038\ \mathrm{ms}$)和极晚期($t=10.000\ \mathrm{ms}$)外,异常场 XY 平面的矢量分布形态和水平电流环 XY 平面矢量分布特征有明显的相似性。

(2) XZ 平面感应涡流磁场矢量分布

在 XZ 平面,随着时间的推移,感应涡流磁场的 X 分量与 Z 分量场强的

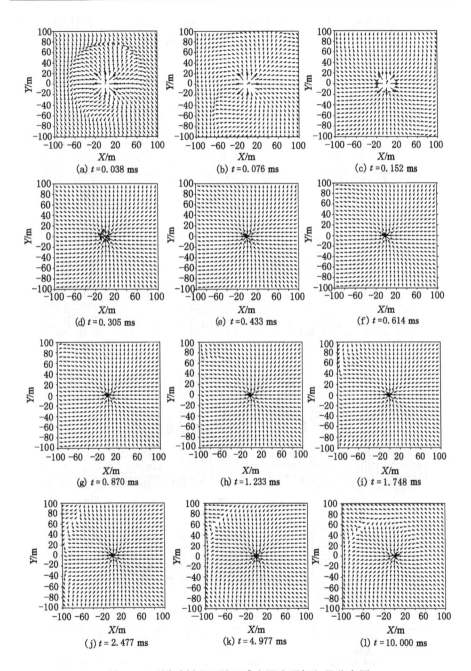

图 5-6　不同时刻 XY 平面感应涡流磁场矢量分布图

大小及方向在不断变化。取不同时间道 $Y=0$（即纵向穿过异常体中心的平面）XZ 平面上异常体的感应涡流磁场，其矢量分布如图 5-7 所示。

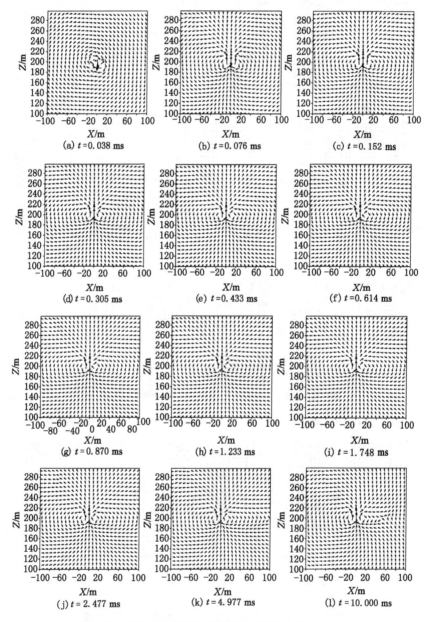

图 5-7　不同时刻 XZ 平面感应涡流磁场矢量分布图

由图 5-7 可以看出,一次场消失后,异常体内产生感应涡流。在早期感应涡流的磁力线围绕两个圆心分布,整体沿轴 $X=0$ 对称。随着时间的推移,磁力线的分布仍继续稳定,保持围绕两个圆心分布的特征。除该图显示的极早期($t=0.038$ ms)和极晚期($t=10.000$ ms)外,感应涡流的磁场与水平电流环在 XZ 平面的分布特征有明显的相似性。

5.2.2　电流环与感应涡流磁场的相似性

通过对比异常体涡流场的磁场与电流环辐射磁场三分量的分布特征可以看出,两者在分布特征上具有明显的相似性。为了定量的比较异常体涡流场某个时刻与电流环产生磁场具有等效性,设置测线位于异常体中心正下方 50 m,正演计算其异常场三分量响应,选取几个特定时刻比较感应涡流场辐射的磁场与半径为 20 m(异常体边长为 40 m)水平电流环产生的磁场。比较时将感应涡流场的磁场与电流环产生磁场的三分量分别做幅值归一化处理。图 5-8 显示两者三分量的重合程度,图中用实心圆点代表电流环的磁场,用实线代表涡流场的磁场。

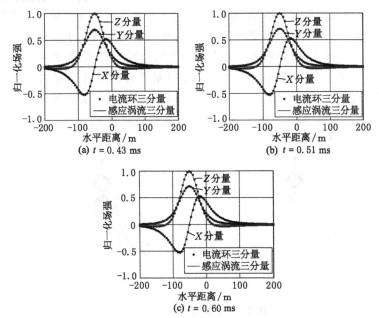

图 5-8　不同时刻电流环三分量与感应涡流三分量对比图

总体来看,图 5-8 中涡流场的磁场三分量曲线与电流环产生的磁场曲线重合度较高,也就是说感应涡流某些时刻产生的磁场可以用电流环产生的磁场来等效。这是因为在地面-钻孔瞬变电磁法中,激发源位置固定,激发场与低电阻异常体耦合关系保持不变,在钻孔中不同位置观测到的瞬变电磁场信号是同一感应涡流场在不同位置的分布情况。若钻孔附近存在局部低电阻地质体,则在该地质体内存在一个"等效涡流中心",即异常体产生的二次场。此时空间中包括两个"等效涡流",即围岩产生的"背景等效涡流"及异常体产生的"异常等效涡流"。忽略两种"等效涡流"之间的互感,则地质异常体在外部产生的二次磁场(即异常场)可以用位于"等效涡流"中心的电流环的磁场来代替。

5.3　空间交汇算法

5.3.1　空间交汇基本原理

　　上节已说明水平电流环辐射的磁场在 XY 和 XZ 平面上具有明显的指向性,而异常体感应涡流场辐射的磁场与水平电流环辐射的磁场具有一定的相似性,可将感应涡流场等效为电流环,通过对分离获得的异常场的三个分量进行矢量交汇,可确定等效电流环的中心,进而获得异常体的中心位置。

　　如图 5-9 所示,设异常体中心在平面上的投影为 P,钻孔中观测到的三分量响应分别为 B_x、B_y、B_z,由 B_x、B_y 两个分量进行矢量合成得到 B_{xy},由 B_x、B_z 两个分量进行矢量合成得到 B_{xz}。则各测点处获得的矢量方向将交汇于一点处,该点与异常体在 X 轴上投影点的连线则指向 P 点。

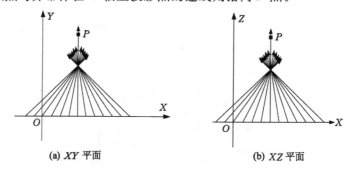

(a) XY 平面　　　　　　　　　　(b) XZ 平面

图 5-9　空间交汇原理示意图

5.3.2　浮动系数空间交汇

　　(1) 水平电流环的空间交汇

　　简单通过三分量合成矢量在平面的交汇,能获得异常体中心的部分位置信息,但并不能得到完整的坐标,因为电流环产生的磁力线不像光线一样按直线传播,其在空间中总是闭合的,直接交汇得到的交汇点显然并不位于等效电流环中心。为了使交汇点能够落在电流环中心,需要进行适当的修正。

水平电流环 XY 平面矢量分布图见图 5-1。从 XY 平面可以看出,对于 X 分量与 Y 分量的合成矢量能完全交汇到电流环中心在 XY 平面的投影位置,X 分量与 Y 分量不需要进行任何校正,并且交汇结果准确可靠。

对于 XZ 平面的矢量交汇图不像 XY 平面那样简单。对于 Y 方向不同距离的 XZ 平面,矢量分布规律各不一样。如图 5-2 所示,在 $Y=0$ 时可以借鉴垂直钻孔中布置测线的地面-钻孔瞬变电磁法矢量交汇算法[48,54,57]。由于 X 分量与 Z 分量的合成矢量在不同测线上的方向大体相同,只要将 Z 分量扩大至原来的 1.5 倍,就可实现 X 分量与 Z 分量的交汇点汇聚于等效电流环中心在 XZ 平面的投影位置,且交汇结果较准确。但是对于 $Y\neq0$ 的情况,XZ 平面矢量交汇图有两个矢量汇集中心,两者到电流环中心在 XZ 平面上投影的距离相等,且 Y 方向不同距离的 X 分量和 Y 分量的合成矢量的方向差异较大。如果将 Z 分量扩大至原来的 1.5 倍,交汇出来的涡流中心误差势必很大,但是对于 Y 方向相同距离 XZ 切面的矢量合成分量,不管测线位于哪个 Z 值深度,X 分量与 Z 分量的合成矢量都指向矢量汇集中心。也就是说,对于 Y 方向相同距离的 XZ 切面,只要找到一个合适的系数,就可将矢量交汇到电流环中心在 XZ 平面的投影位置。

为校正 Y 方向不同距离时矢量交汇的偏差,提出一种浮动系数空间交汇算法。首先选取异常体中心在 X 轴上投影点 $|B_y|/B_z$ 的比值作为参考值,采用电流环事先计算出适用于不同比值的 Z 分量调节系数,并形成 XZ 平面交汇的系数库。在实际应用中,首先根据 X 分量确定等效涡流在 X 轴上的投影中心,根据投影中心处 $|B_y|/B_z$ 的比值,利用 XZ 平面交汇系数库插值求出 Z 分量的调节系数,然后再进行 XZ 平面的空间交汇,从而就确定了等效涡流中心的 X 坐标和 Z 坐标。对于 XY 平面,无须调节磁场分量的幅值大小,直接交汇磁场 X 分量和 Y 分量,就得到了感应涡流中心的 X 坐标和 Y 坐标。整个交汇过程无须人为干预,可编写软件自主判断感应涡流相对于水平钻孔测线所在的象限,最后读取地面-钻孔瞬变电磁响应不同时间道交汇图的交汇点,采用统计学规律就确定了感应涡流中心的坐标。不同 $|B_y|/B_z$ 比值时 Z 分量调节系数如表 5-1 和表 5-2 所列。

表 5-1 $|B_y|/B_z$ **比值为正时 Z 分量调节系数表**

$|B_y|/B_z$	系数	$|B_y|/B_z$	系数	$|B_y|/B_z$	系数
0	1.40	0.763 3	1.58	2.588 3	2.63
0.019 8	1.40	0.792 0	1.59	2.694 4	2.70
0.039 6	1.40	0.821 3	1.60	2.807 3	2.78
0.059 5	1.40	0.851 3	1.62	2.927 7	2.85
0.079 4	1.40	0.882 0	1.63	3.056 2	2.95
0.099 3	1.40	0.913 4	1.65	3.193 9	3.05
0.119 3	1.40	0.945 7	1.66	3.341 7	3.17
0.139 4	1.40	0.978 7	1.68	3.500 9	3.30
0.150 6	1.40	1.012 7	1.70	3.672 9	3.41
0.159 5	1.40	1.197 5	1.79	4.909 3	4.15
0.179 8	1.40	1.238 0	1.81	4.968 6	4.20
0.200 2	1.42	1.279 7	1.84	5.091 0	4.30
0.220 7	1.42	1.322 9	1.87	5.218 9	4.40
0.241 3	1.42	1.367 5	1.89	5.421 5	4.50
0.262 1	1.42	1.413 7	1.91	5.638 6	4.65
0.283 1	1.43	1.461 6	1.94	5.792 1	4.80
0.304 2	1.43	1.511 2	1.96	6.210 7	5.10
0.325 6	1.43	1.562 8	2.00	6.687 3	5.40
0.347 1	1.44	1.616 5	2.00	7.235 0	5.80
0.368 9	1.44	1.672 3	2.10	7.703 9	6.20
0.390 9	1.45	1.730 4	2.10	7.871 0	6.50
0.413 2	1.45	1.791 1	2.10	8.619 0	6.80
0.435 8	1.46	1.854 5	2.20	9.511 4	7.40
0.458 6	1.46	1.920 7	2.25	10.594 7	8.10
0.481 8	1.47	1.990 1	2.26	11.937 7	8.90
0.505 3	1.48	2.062 9	2.30	12.526 1	10.00
0.529 1	1.49	2.139 3	2.35	13.647 1	10.70
0.553 4	1.50	2.219 7	2.42	15.896 7	12.00
0.578 0	1.51	2.304 4	2.46	17.892 6	14.00
0.603 0	1.52	2.393 7	2.51	18.991 3	14.70

表 5-1(续)

$|B_y|/B_z$	系数	$|B_y|/B_z$	系数	$|B_y|/B_z$	系数
0.628 5	1.53	2.488 2	2.57	20.581 3	16.00
0.654 4	1.54	3.859 4	3.51	22.647 8	17.00
0.680 8	1.55	4.062 2	3.66	23.518 3	18.00
0.707 8	1.56	4.283 7	3.77	25.975 9	20.00
0.735 3	1.57	4.330 5	3.85	30.772 9	24.00
1.047 6	1.72	4.426 7	3.90	35.066 8	28.00
1.083 4	1.74	4.526 6	3.92	44.286 3	32.00
1.120 3	1.76	4.630 6	4.00	47.320 9	37.00
1.158 4	1.77	4.794 4	4.12		

表 5-2 $|B_y|/B_z$ 比值为负时 Z 分量调节系数表

$|B_y|/B_z$	系数	$|B_y|/B_z$	系数	$|B_y|/B_z$	系数
−80.893 6	50	−1.263 9	0.40	−0.513 5	0.082
−70.576 2	45	−1.222 2	0.38	−0.498 6	0.078
−62.249 3	40	−1.183 5	0.36	−0.471 2	0.070
−55.691 4	35	−1.147 5	0.35	−0.446 8	0.063
−46.022 9	30	−1.113 7	0.34	−0.424 9	0.058
−39.237 4	25	−1.082 1	0.32	−0.405 1	0.053
−30.341 8	20	−1.052 4	0.30	−0.387 1	0.048
−24.768 8	15	−1.024 5	0.28	−0.370 7	0.044
−18.091 2	11	−0.998 1	0.28	−0.355 6	0.041
−10.370 5	6.5	−0.973 2	0.26	−0.341 8	0.038
−7.351 1	4.5	−0.949 6	0.26	−0.329 0	0.035
−5.738 0	3.3	−0.927 2	0.24	−0.306 1	0.031
−4.732 4	2.5	−0.906 0	0.23	−0.286 3	0.027
−4.044 2	2.2	−0.885 8	0.225	−0.268 9	0.024
−3.542 9	1.8	−0.866 5	0.215	−0.253 5	0.021
−3.160 7	1.6	−0.848 1	0.205	−0.239 8	0.019
−2.859 4	1.4	−0.830 6	0.200	−0.227 6	0.017
−2.615 3	1.2	−0.813 8	0.190	−0.201 8	0.013 5

表 5-2(续)

$|B_y|/B_z$	系数	$|B_y|/B_z$	系数	$|B_y|/B_z$	系数
−2.413 3	1.1	−0.797 7	0.185	−0.181 3	0.011 0
−2.243 3	1.0	−0.782 3	0.180	−0.164 6	0.009 0
−2.097 9	0.9	−0.767 6	0.175	−0.150 8	0.007 5
−1.972 2	0.8	−0.739 8	0.165	−0.129 0	0.005 5
−1.862 2	0.75	−0.707 9	0.152	−0.112 8	0.004 2
−1.765 1	0.70	−0.678 8	0.141	−0.100 2	0.003 3
−1.678 7	0.65	−0.652 2	0.130	−0.090 2	0.002 7
−1.601 3	0.60	−0.627 7	0.120	−0.081 9	0.002 2
−1.531 5	0.55	−0.605 1	0.113	−0.075 1	0.001 9
−1.468 1	0.52	−0.584 1	0.105	−0.060 0	0.001 2
−1.410 4	0.50	−0.564 6	0.100	−0.045 0	0.000 7
−1.357 5	0.47	−0.546 4	0.095	−0.03 00	0.000 3
−1.308 8	0.43	−0.529 4	0.087		

　　为了验证浮动系数矢量交汇的准确性,在自由空间中设置一水平电流环,半径为 20 m,电流 1 A,电流环中心位于(0,15,25)处,水平孔位于 $Z=0$、$Y=0$ 的测线上。三分量的曲线如图 5-10 所示,空间交汇结果如图 5-11 所示。

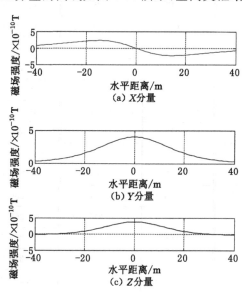

图 5-10　水平电流环三分量曲线图

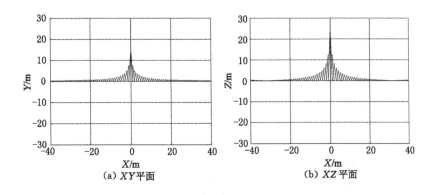

（a）XY平面　　　　　　　（b）XZ平面

图 5-11　水平电流环空间交汇结果

（2）倾斜电流环的空间交汇

由于地面-钻孔瞬变电磁采用矩形回线作为发射源，在地下产生的一次磁场不是绝对垂直的，那么产生的电流环也不是绝对垂直的。进一步采用微倾斜电流环来验证空间交汇算法的适用性。在自由空间中设置一倾斜电流环，电流环与 XY 平面的夹角分别为 5°、10°、15°，与 XZ 平面的夹角为 0°，半径为 20 m，电流 1 A，电流环中心位于(0,15,25)处，水平孔位于 Z＝0、Y＝0 的测线上。计算不同角度的矢量分布图及空间交汇结果如图 5-12 至图 5-20所示。

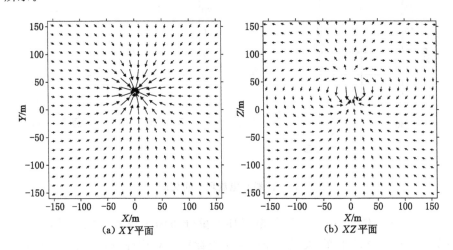

（a）XY平面　　　　　　　（b）XZ平面

图 5-12　倾斜 5°电流环不同投影面矢量分布图

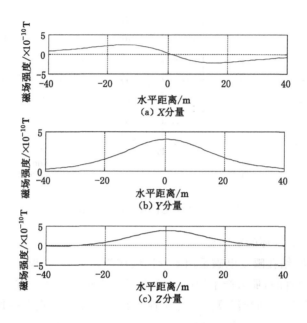

图 5-13 倾斜 5°电流环三分量曲线图

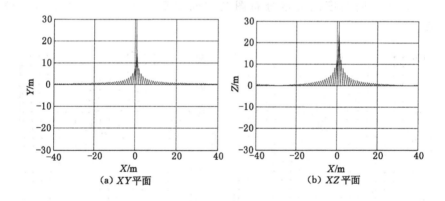

图 5-14 倾斜 5°电流环空间交汇结果

从上述图件可以看出,倾斜电流环矢量分布图不像水平电流环,不管是 XY 平面还是 XZ 平面,矢量分布图关于坐标轴无对称性,所以随着倾斜电流环倾斜角度的加大,空间交汇出的异常体中心 X、Y、Z 坐标相对误差随之增加。

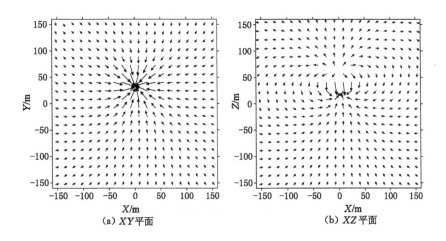

图 5-15　倾斜 10°电流环不同投影面矢量分布图

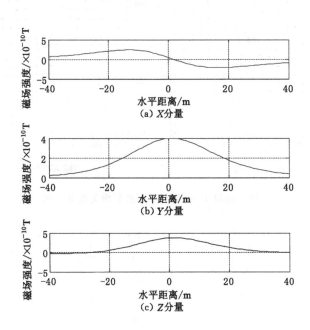

图 5-16　倾斜 10°电流环三分量曲线图

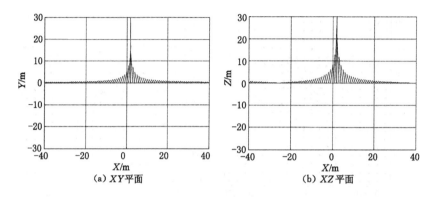

图 5-17 倾斜 10°电流环空间交汇结果

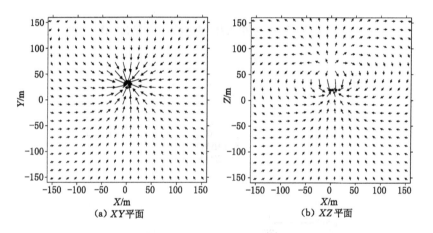

图 5-18 倾斜 15°电流环不同投影面矢量分布图

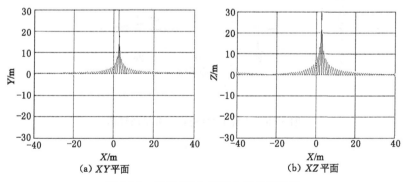

图 5-19 倾斜 15°电流环空间交汇结果

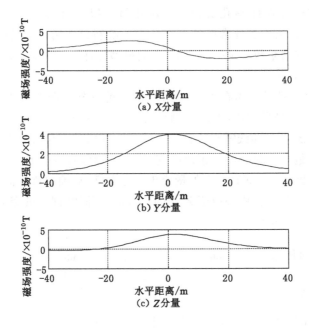

图 5-20　倾斜 15°电流环三分量曲线图

5.4　理论模型试算

利用三维时域有限差分算法正演计算地面-钻孔瞬变电磁法三分量响应。设置激发回线尺寸为 600 m×600 m,电流 1 A,水平钻孔的测线位于地下 300 m。分别添加如图 5-21 所示四个异常体,分别位于 YZ 平面的四个象限,异常体规模均为 20 m×20 m×20 m,电阻率为 0.1 Ω·m,异常体中心距 X 轴 24 m,距 Y 轴 24 m,距 Z 轴约 34 m。

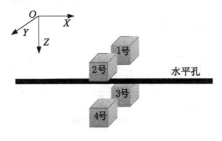

图 5-21　异常体相对位置示意图

对该模型进行地面-钻孔瞬变电磁法数值模拟,得到感应总场的三个分量,经异常场分离后得到异常场的三个分量。绘制异常场三分量的曲线图并对异常场进行浮动系数矢量空间交汇,不同模型的计算结果如下。

(1) 1号异常体

图 5-22 是 1 号异常体在不同时刻的异常场三分量曲线及矢量交汇图。由图可见,对于 1 号异常体,不同时刻异常场的 X 分量表现为先负后正两个波峰的倒"N"形,并且曲线零点位置与 1 号异常体的中心位置吻合;异常场的 Y 分量与 Z 分量均表现为单峰正值隆起的倒"V"形,曲线的极值点与 1 号异常体的中心位置吻合。XY 平面矢量交汇中心位于 X 轴的负方向,Y 轴的负方向;XZ 平面矢量交汇中心位于 Z 轴的负方向,不同时刻矢量交汇的中心均与异常体中心位置吻合。

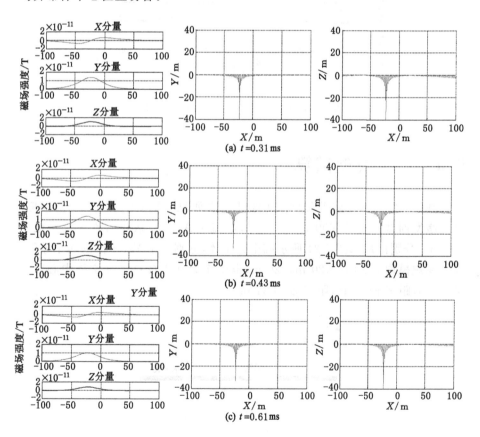

图 5-22　1 号异常体不同时刻异常场三分量曲线及矢量交汇图

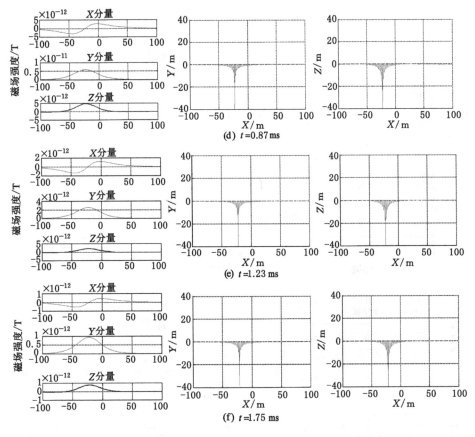

图 5-22 （续）

（2）2 号异常体

图 5-23 是 2 号异常体不同时刻异常场三分量曲线及矢量交汇图。由图可以看出,对于 2 号异常体,不同时刻异常场的 X 分量表现为先负后正两个波峰的倒"N"形,X 分量曲线零点位置与 2 号异常体的中心位置吻合;异常场的 Y 分量表现为单值负隆起的"V"形,Z 分量表现为单峰正值隆起的倒"V"形,曲线的极值点与 2 号异常体的中心位置吻合。XY 平面矢量交汇的中心位于 X 轴的负方向,Y 轴的正方向;XZ 平面矢量交汇中心位于 Z 轴的负方向,不同时刻矢量交汇的中心均与异常体中心位置吻合。

（3）3 号异常体

图 5-24 是 3 号异常体不同时刻异常场三分量曲线及矢量交汇图。由图可知,对于 3 号异常体,不同时刻异常场的 X 分量表现为先正后负两个波峰

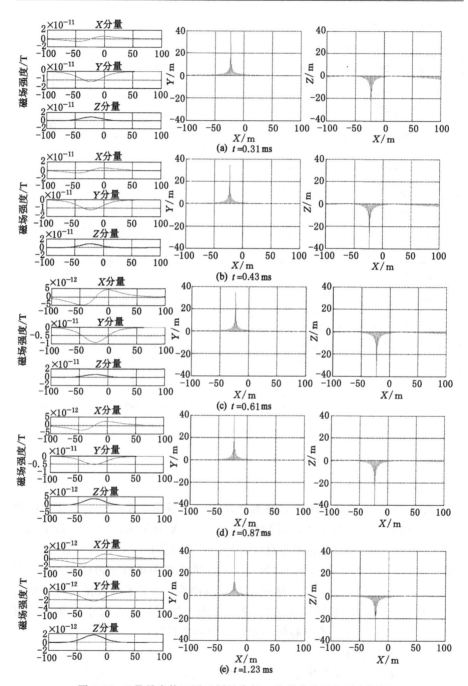

图 5-23 2号异常体不同时刻异常场三分量曲线及矢量交汇图

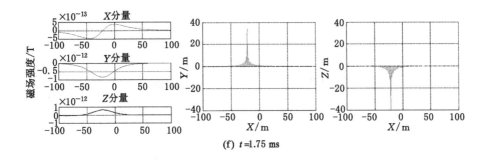

(f) t =1.75 ms

图 5-23 （续）

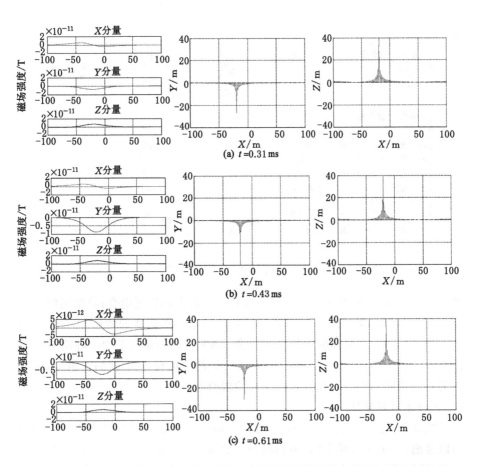

(a) t =0.31 ms

(b) t =0.43 ms

(c) t =0.61 ms

图 5-24 3 号异常体不同时刻异常场三分量曲线及矢量交汇图

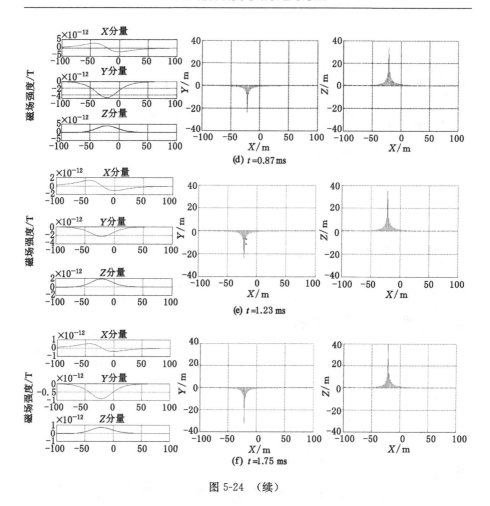

图 5-24 （续）

的"N"形,X 分量曲线零点位置与 3 号异常体的中心位置吻合;异常场的 Y 分量表现为单值负隆起的"V"形,Z 分量表现为单峰正值隆起的倒"V"形,曲线的极值点与 3 号异常体的中心位置吻合。XY 平面矢量交汇的中心位于 X 轴的负方向,Y 轴的负方向;XZ 平面矢量交汇的中心位于 Z 轴的正方向,不同时刻矢量交汇的中心均与异常体中心位置吻合。

（4）4 号异常体

图 5-25 是 4 号异常体不同时刻异常场三分量曲线及矢量交汇图。由图可以看出,对于 4 号异常体,不同时刻异常场的 X 分量表现为先正后负两个波峰的"N"形,X 分量曲线零点位置与 4 号异常体的中心位置吻合;异常场的

Y 分量与 Z 分量均表现为单峰正值隆起的倒"V"形,曲线的极值点与 4 号异常体的中心位置吻合。XY 平面矢量交汇中心位于 X 轴的负方向,Y 轴的正方向;XZ 平面矢量交汇中心位于 Z 轴的正方向,不同时刻矢量交汇的中心均与异常体中心位置吻合。

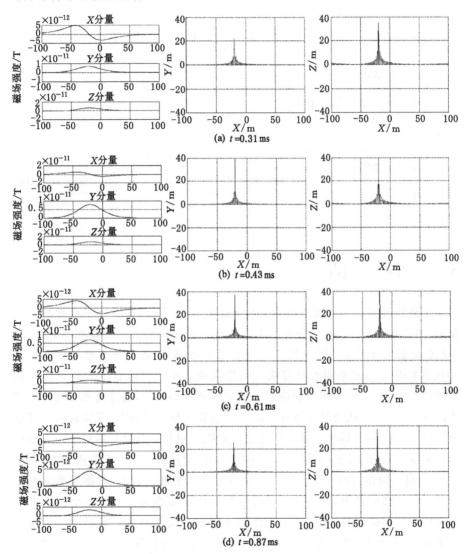

图 5-25　4 号异常体不同时刻异常场三分量曲线及矢量交汇图

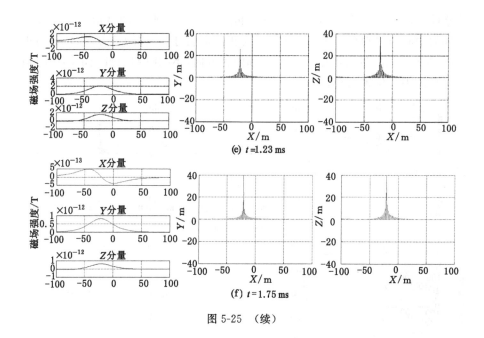

图 5-25　（续）

5.5　小　　结

　　为使用异常场三分量获得异常体中心的空间坐标,研究基于异常场三分量的空间交汇算法。通过分析水平电流环辐射磁场的三个分量在 XY 平面、XZ 平面水平测线处各测点的三分量矢量分布,确定各分量矢量与电流环中心在 XY 平面、XZ 平面上具有明确的指向性。采用时域有限差分算法模拟异常体的异常场,分析感应涡流磁场随时间的分布规律,通过与水平电流环产生磁场进行对比,认为异常体在外部产生的异常场,可以用位于异常体内部的电流环所辐射的磁场来代替。研究水平测线上磁场三分量矢量对水平电流环中心的交汇特性,开发出适用于水平测线的浮动系数空间交汇算法,并建立基于 Y 方向不同距离的浮动系数表。在进行 XZ 平面交汇时,根据系数表对 Z 分量进行自适应调节,可使 XZ 平面的交汇结果更准确。位于水平测线不同象限四个模型的试算结果,验证了浮动系数空间交汇算法的准确性。采用此算法对不同倾斜角度的近似水平电流环进行空间定位试算,计算结果说明浮动系数空间交汇算法更适用于水平电流环,倾斜角度的增加会导致交汇准确度的降低。

第 6 章　基于电流环理论的最小二乘法反演

6.1　任意倾斜角度电流环的正演

　　在 2.1 节中对水平电流环(水平放置的磁性圆形回线源)的激发场正演公式进行了推导计算,对于任意角度倾斜的电流环的正演,必须借助三维直角坐标系的旋转公式来完成。三维空间中的旋转变换比二维空间中的旋转变换复杂,除了需要指定旋转角外,还需指定旋转轴。若以坐标系的三个坐标轴 X、Y、Z 分别作为旋转轴,则实际上只在垂直坐标轴的平面上做二维旋转。此时用二维旋转公式就可以直接推导出三维坐标旋转变换矩阵。规定在右手坐标系中,物体旋转的正方向是右手螺旋方向,即从该轴正半轴向原点看是逆时针方向。

　　下面从上往下分别是绕 Z 轴旋转、绕 X 轴旋转和绕 Y 轴旋转的旋转公式,旋转示意图如图 6-1 所示。

$$\begin{cases} x' = x\cos\gamma - y\sin\gamma \\ y' = x\sin\gamma + y\cos\gamma \\ z' = z \end{cases} \tag{6-1}$$

$$\begin{cases} y' = y\cos\alpha - z\sin\alpha \\ z' = y\sin\alpha + z\cos\alpha \\ x' = x \end{cases} \tag{6-2}$$

$$\begin{cases} z' = z\cos\beta - x\sin\beta \\ x' = z\sin\beta + x\cos\beta \\ y' = y \end{cases} \tag{6-3}$$

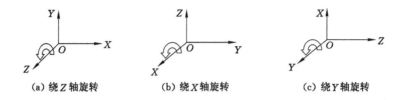

（a）绕 Z 轴旋转　　　　（b）绕 X 轴旋转　　　　（c）绕 Y 轴旋转

图 6-1　坐标系统 Z 轴、X 轴、Y 轴旋转示意图

6.2　带约束的最小二乘反演算法

在 5.2 节中,通过时域有限差分正演计算发现,地面-钻孔瞬变电磁法异常场产生的磁场可以用一个电流环来等效。在此以空间中任意倾斜角度的载流电流环为基本物理模型,反演计算其中心坐标、倾斜角度和半径,以据此获得空间中异常体的位置、倾角和大致规模。设地面-钻孔瞬变电磁法沿测线方向在各测点观测的 X 分量数据为:$\widehat{B}_1,\widehat{B}_2,\cdots,\widehat{B}_n$,Y 分量数据为:$\widehat{B}_{n+1},\widehat{B}_{n+2},\cdots,\widehat{B}_{2n}$,Z 分量数据为:$\widehat{B}_{2n+1},\widehat{B}_{2n+2},\cdots,\widehat{B}_{3n}$。为了三分量数据有相近似的拟合度,以三分量的最大幅值为标准进行各分量的归一化。模型正演计算结果与观测数据的相对误差为目标函数:

$$\Phi(P_1,P_2,\cdots,P_m)=\frac{1}{3n}\sum_{i=1}^{3n}\left[\frac{B_i-\widehat{B}_i}{\widehat{B}_i}\right]^2 \tag{6-4}$$

式中　$\widehat{B}_i$——观测的某个测点的三分量数据;

　　　B_i——用模型参数 P 正演计算的理论值;

　　　n——测点个数;

　　　m——模型参数个数。

对目标函数经过泰勒展开,略去高次项,取 $\frac{\partial \Phi}{\partial \Delta P_i}=0$,得

$$(A^{\mathrm{T}}A)\cdot \Delta P = A^{\mathrm{T}}B \tag{6-5}$$

其中,A 为雅可比矩阵,即:

$$\boldsymbol{A} = \begin{bmatrix} \dfrac{1}{\widehat{B}^{(1)}} \dfrac{\partial B(1,P^{(0)})}{\partial P_1} & \cdots & \dfrac{1}{\widehat{B}^{(1)}} \dfrac{\partial B(1,P^{(0)})}{\partial P_m} \\ \vdots & \ddots & \vdots \\ \dfrac{1}{\widehat{B}^{(3n)}} \dfrac{\partial B(3n,P^{(0)})}{\partial P_1} & \cdots & \dfrac{1}{\widehat{B}^{(3n)}} \dfrac{\partial B(3n,P^{(0)})}{\partial P_m} \end{bmatrix} \tag{6-6}$$

$$\boldsymbol{B} = \begin{bmatrix} \dfrac{\widehat{B}^{(1)} - B(1,P^{(0)})}{\widehat{B}^{(1)}} \\ \vdots \\ \dfrac{\widehat{B}^{(3n)} - B(3n,P^{(0)})}{\widehat{B}^{(3n)}} \end{bmatrix} \tag{6-7}$$

$$\Delta \boldsymbol{P} = \begin{bmatrix} \Delta P_1 \\ \vdots \\ \Delta P_m \end{bmatrix} \tag{6-8}$$

其中对于偏导数函数 $\dfrac{\partial B(j,P^{(0)})}{\partial P_i}$,利用公式难以求取,本书采用简单的差商代替微商公式计算一阶导数:

$$\frac{\partial B(j,P)}{\partial P_i} = \frac{B(j,P) - B(j,P')}{\Delta P_i} \tag{6-9}$$

一般取 $\Delta P_i = (0.001 \sim 0.01)P_i$。

将上式的对角线加上阻尼因子 φ,即形成阻尼最小二乘法的方程:

$$(\boldsymbol{A}^{\mathrm{T}}\boldsymbol{A} + \varphi\boldsymbol{I}) \cdot \Delta \boldsymbol{P} = \boldsymbol{A}^{\mathrm{T}}\boldsymbol{B} \tag{6-10}$$

式中　$\boldsymbol{I}$—— 单位矩阵,即对角线为 1 的矩阵。

约束条件为:

$$\underline{P_i} \leqslant P_i \leqslant \overline{P_i} \qquad (i = 1,2,\cdots,m) \tag{6-11}$$

式中　$\underline{P_i}$—— 反演所求解的参数 P_i 的下限值;

$\overline{P_i}$—— 反演所求解的参数 P_i 的上限值。

对上式求解,就可以得到可行域内的极小可行解。设定空间中任意倾斜电流环有 6 个控制参数,其中 X_0、Y_0、Z_0 为电流环中心相对的坐标(以测线中心为坐标原点),α 为电流环绕 Y 轴旋转角度,ϕ 为电流环绕 X 轴旋转角度,R 为电流环半径。

根据以上过程,基于 MATLAB 编写了地面-钻孔瞬变电磁法反演程序。具体反演步骤如图 6-2 所示。

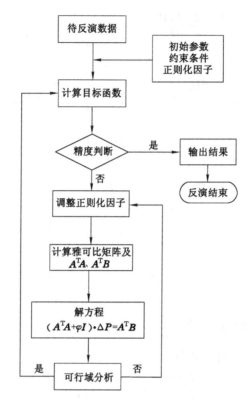

图 6-2　地面-钻孔瞬变电磁法反演步骤

6.3　板状体反演

为了对程序的正确性进行验证,使用商用瞬变电磁软件 Maxwell 建模,计算自由空间中薄板的磁场响应,获得响应数据和特征曲线,然后再用编写的反演程序对这组正演模型数据进行反演。

6.3.1　水平板状体模型

正演理论模型参数为:回线磁源大小为 600 m×600 m,中心坐标(0,0,0),关断延时为 0.001 ms,采样道数 28 道,发射电流 10 A,响应单位为飞特斯拉(fT),异常体尺度 50 m×50 m,异常体中心坐标(−50,−25,350),异常体纵向电导为 100 S,薄板倾角为 0°,钻孔水平放置,位于地下 300 m 处,薄板井孔位置关系如图 6-3 所示。

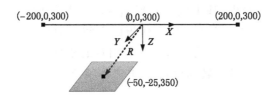

图 6-3　水平板状体模型示意图

正演结果见图 6-4，图中用实心圆点表示电流环辐射的三分量，用实线表示感应涡流的三分量磁场，分别绘制了早中晚时段中 3 个延时 0.054 ms、4.264 ms、6.221 ms 的响应结果及采用电流环反演得到的响应结果。

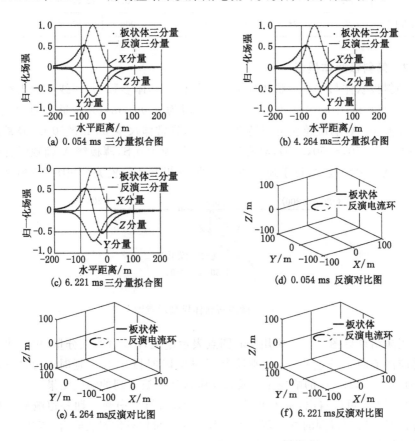

图 6-4　水平板状体不同时间反演结果对比图

从图 6-4 可以看出,基于电流环反演的响应与早中晚三期各道响应拟合良好。反演得到的电流环与理论薄板的空间相对位置较吻合,具体参数见表 6-1。表中 X_0、Y_0、Z_0 为电流环中心相对的坐标(以测线中心为坐标原点),α 为电流环绕 Y 轴旋转角度,ϕ 为电流环绕 X 轴旋转角度,R 为电流环半径。

表 6-1   水平板状体不同时间的电流环反演结果

延迟时间/ms	X_0/m	Y_0/m	Z_0/m	$\alpha/(°)$	$\phi/(°)$	R/m	拟合误差/%
0.054 0	−49.974 3	−25.106 1	50.577 6	−0.000 5	0.000 3	23.607 6	0.07
4.264 0	−49.975 1	−24.803 2	50.079 1	−0.000 4	−0.000 1	22.392 9	0.03
6.221 0	−49.976 3	−24.930 2	50.325 1	−0.000 3	0.000 4	21.630 0	0.04

6.3.2   倾斜板状体模型

倾斜板状体与水平板状体模型参数相似。具体参数为:回线磁源大小为 600 m×600 m,中心坐标(0,0,0),关断延时为 0.001 ms,采样道数为 28 道,发射电流 10 A,响应单位为飞特斯拉(fT),异常体尺度 50 m×50 m,异常体中心坐标(−50,−50,350),异常体纵向电导为 100 S,薄板绕 X 轴顺时针旋转 65°,钻孔水平放置,位于地下 300 m 处,薄板井孔位置关系如图 6-5 所示。

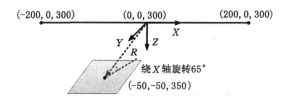

图 6-5   倾斜板状体模型示意图

正演结果见图 6-6,图中用实心圆点表示电流环辐射的三分量,用实线表示感应涡流的三分量磁场,分别绘制了早中晚时段中 3 个延时 0.054 ms、4.264 ms、6.221 ms 的响应结果及采用电流环反演得到的响应结果。

从图 6-6 可以看出,基于电流环的反演结果与早中晚三期各道响应结果拟合良好。反演得到的电流环与理论薄板的空间相对位置较吻合、姿态相同,具体数据见表 6-2。说明采用的倾斜电流环正演、反演算法可靠。

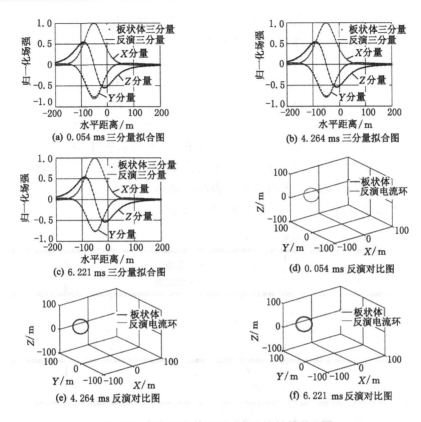

图 6-6 倾斜板状体不同时间反演结果对比图

表 6-2 倾斜板状体不同时间的电流环反演结果

延迟时间/ms	X_0/m	Y_0/m	Z_0/m	α/(°)	ϕ/(°)	R/m	拟合误差/%
0.054 0	−49.972 2	80.210 1	7.939 8	−0.000 2	−1.138 9	24.752 5	0.02
4.264 0	−49.973 0	80.241 7	7.925 0	−0.000 2	−1.138 4	22.126 3	0.04
6.221 0	−49.973 0	80.219 0	7.918 1	−0.000 2	−1.138 3	22.174 6	0.04

6.4 地面-钻孔瞬变电磁法反演

6.4.1 异常场的数值分离

在前面研究的浮动系数空间交汇算法和最小二乘算法中,均以异常体产生的异常场为基础数据。对理论研究而言,正演计算可直接获得异常场,但在实际应用中,只能接收到背景场与异常场构成的总场数据。因此,还需要使用数学手段对总场进行处理,分离出精确的异常场。

根据前面对异常场的分析结果可以看出,地下局部异常体响应的影响范围是有限的,主要反映在异常体中心附近,远离异常体中心时的异常影响基本可以忽略。这样可以近似地把实测曲线分为三个区段,即背景区—异常区—背景区,见图 6-7。背景区的实测响应近似认为是围岩产生的背景场,将背景区各测点对应的响应直接归为背景场。由于背景场具备连续、渐变的特征,即背景响应值随测点位置的变化曲线是连续、圆滑的,可依据已确定的背景场数据,采用曲线拟合的方式,求出异常区内的背景场。对异常区而言,以采集的总场减去拟合得到的背景场,则得到异常场数据。

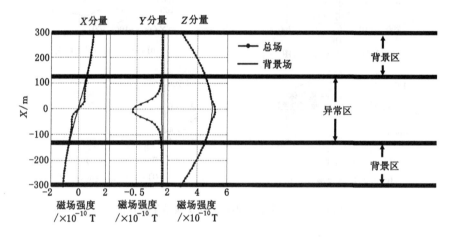

图 6-7　异常区和背景区划分示意图

曲线拟合的方法有多种,其中多项式拟合是一种非常实用的方法。假设背景场每一道数据沿测线方向满足多项式:

$$\Phi(x) = a_n x^n + a_{n-1} x^{n-1} + \cdots + a_2 x^2 + a_1 x^1 + a_0 \tag{6-12}$$

其中,$a_0, a_1, a_2, \cdots, a_n$ 为待定系数,Φ 为 x 测点的背景场。

设已知满足 $y = f(x)$ 观测的一组背景场的数据为

$$[x_i, f(x_i)] \quad (i = 1, 2, \cdots, m)$$

要求寻求一个多项式函数 $\Phi(x)$ 作为 $y = f(x)$ 的近似函数,使得二者在 x_i 上残差 $\delta_i = \Phi(x_i) - f(x_i), i = 1, 2, \cdots, m$ 的二范数为最小,即要求:

$$\min \| \delta \|_2^2 = \sum_{i=0}^{m} \delta_i^2 = \sum_{i=0}^{m} [\Phi(x_i) - f(x_i)]^2 \tag{6-13}$$

这种要求误差平方和最小的拟合方法称为曲线拟合的最小二乘法。也就是说,最小二乘法提供了一种数学方法,利用这种方法可以对实测背景场数据实现在最小平方误差意义下的最好拟合。

6.4.2　理论模型反演算例

为了验证地面-钻孔瞬变电磁法反演效果,构建理论模型进行反演试算。模型示意图如图 6-8 所示,设计了 4 个异常体模型,1 号异常体中心点坐标(−24,24,34),2 号异常体中心点坐标(−24,−24,34),3 号异常体中心坐标(−24,24,−34),4 号异常体中心点坐标(−24,−24,−34)。利用瞬变电磁时域有限差分法分别计算了 4 个模型的三分量响应,发射线框为 600 m×600 m,发射电流 1 A,水平孔位于地下 300 m,异常体规模为 20 m×20 m×20 m,电阻率为 0.1 Ω·m。

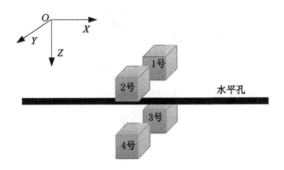

图 6-8　模型相对位置示意图

对以上 4 个模型分别进行电流环反演,处理结果如图 6-9 至图 6-16 所示。

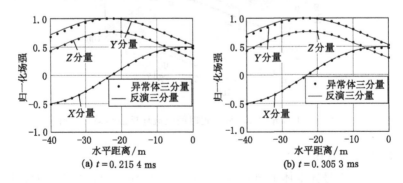

图 6-9　1 号异常体不同延迟时间电流环反演拟合结果图

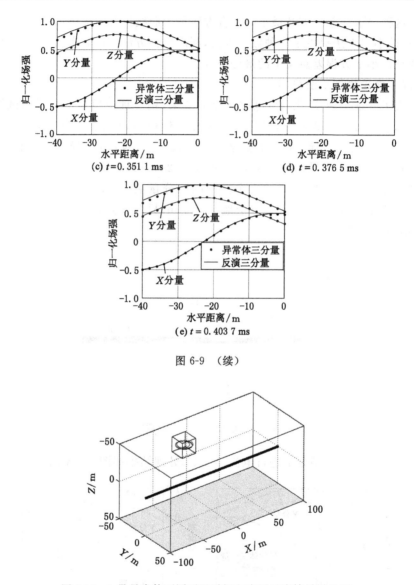

图 6-9　（续）

图 6-10　1 号异常体不同延迟时间电流环反演结果对比图

（1）1 号异常体

图 6-9 为 1 号异常体不同延迟时间电流环反演拟合结果图。对比图（a）到图（e）发现，从 0.215 4 ms 到 0.403 7 ms 不同延迟时间各分量曲线形态随时间变化不大。在此以图（a）为例分析各分量曲线形态随 X 坐标变化趋势。

从图(a)可看出,随 X 坐标由 -40 m 变化到 0,Y 分量和 Z 分量变化趋势基本一致,均为单峰异常响应,都在 $X=-24$ m 位置达到极大值,不同的是 Y 分量整体大于 Z 分量。随 X 坐标增大,X 分量则呈现由负值逐渐递增趋势,且在 $X=-23$ m 时 X 分量值达到 0,之后 X 分量变为正值。

图 6-10 为 1 号异常体不同延迟时间电流环反演结果对比图。图中黑色粗线为模拟的水平孔,黑色立方体为 1 号异常体,立方体中的圆环为使用不同时间数据分别反演得到的电流环。从图中可以看出,反演得到的电流环均位于异常体范围内,电流环中心与异常体中心位置吻合较好。具体反演参数见表 6-3。

表 6-3　1 号异常体不同延迟时间的电流环反演参数

延迟时间/ms	X_0/m	Y_0/m	Z_0/m	α/(°)	ϕ/(°)	R/m	拟合误差/%
0.215 4	$-25.557\ 2$	$-24.807\ 0$	$-31.351\ 1$	$-0.222\ 7$	0.114 5	10.354 4	0.24
0.305 3	$-24.817\ 8$	$-24.133\ 5$	$-33.452\ 2$	$-0.146\ 2$	0.018 0	8.625 6	0.21
0.351 1	$-24.632\ 0$	$-23.552\ 1$	$-34.527\ 8$	$-0.127\ 3$	$-0.026\ 3$	6.556 8	0.21
0.376 5	$-24.551\ 1$	$-23.217\ 1$	$-35.072\ 7$	$-0.119\ 5$	$-0.047\ 9$	4.963 5	0.20
0.403 7	$-24.474\ 7$	$-22.866\ 6$	$-35.588\ 3$	$-0.112\ 7$	$-0.068\ 7$	2.526 3	0.20

（2）2 号异常体

图 6-11 为 2 号异常体不同延迟时间电流环反演拟合结果图。对比图(a)到图(e)发现,从 0.432 8 ms 到 0.572 2 ms 不同延迟时间各分量曲线形态随时间变化不大。故在此以图(a)为例分析各分量曲线形态随 X 坐标变化趋势。从图(a)可看出,随 X 坐标由 -40 m 变化到 0,Y 分量和 Z 分量变化趋势相反,Y 分量为高低高,Z 分量为低高低,都在 $X=-24$ m 位置达到极值,不同的是 Y 分量为极小值,Z 分量为极大值。随 X 坐标增大,X 分量则呈现由负值逐渐递增趋势,且在 $X=-23$ m 时 X 分量值达到 0,之后 X 分量变为正值。

图 6-12 为 2 号异常体不同延迟时间电流环反演结果对比图。图中黑色粗线为模拟的水平孔,黑色立方体为 2 号异常体,立方体中的圆环为使用不同时间数据分别反演得到的电流环。可见,反演电流环位于异常体内,两者的中心位置吻合较好。具体反演参数见表 6-4。

（3）3 号异常体

图 6-13 为 3 号异常体不同延迟时间电流环反演拟合结果图。对比图(a)

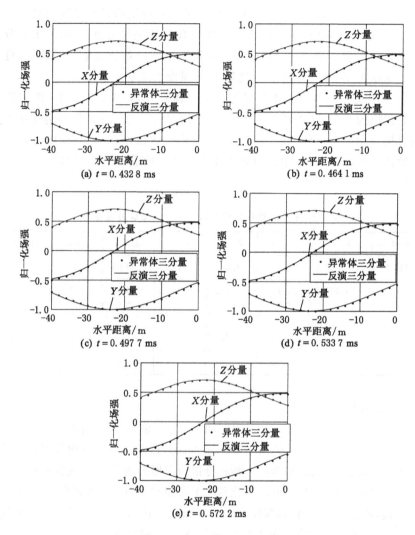

图 6-11　2 号异常体不同延迟时间电流环反演拟合结果图

到图(e)发现,从 0.231 0 ms 到 0.305 4 ms 不同延迟时间各分量曲线形态随时间变化不大。故在此以图(a)为例分析各分量曲线形态随 X 坐标变化趋势,从图中可看出,随 X 坐标由 -40 m 变化到 0,Y 分量和 Z 分量变化趋势相反,Y 分量为高低高,Z 分量为低高低,都在 $X=-24$ m 位置达到极值,不同的是 Y 分量为极小值,Z 分量为极大值。随 X 坐标增大,X 分量则呈现由正值逐渐递减趋势,且在 $X=-20$ m 左右时 X 分量值达到 0,之后 X 分量变为负值。

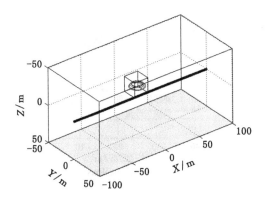

图 6-12　2 号异常体不同延迟时间电流环反演结果对比图

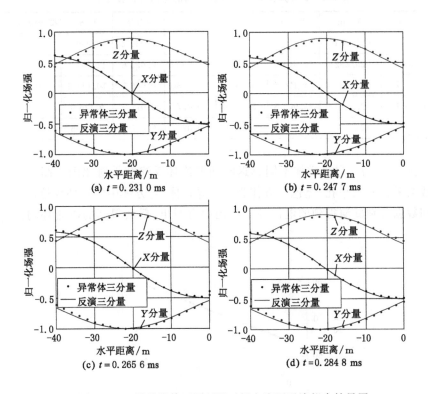

图 6-13　3 号异常体不同延迟时间电流环反演拟合结果图

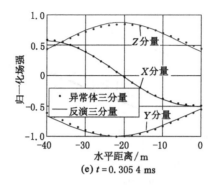

(e) $t = 0.3054$ ms

图 6-13 （续）

表 6-4　2 号异常体不同延迟时间的电流环反演参数

延迟时间/m	X_0/m	Y_0/m	Z_0/m	α/(°)	ϕ/(°)	R/m	拟合误差/%
0.432 8	−23.904 3	24.606 9	−32.949 0	−0.082 9	0.039 2	12.090 4	0.13
0.464 1	−23.892 0	24.363 8	−33.529 8	−0.080 0	0.053 6	11.134 1	0.14
0.497 7	−23.883 4	24.126 3	−34.060 3	−0.078 1	0.066 5	10.143 6	0.14
0.533 7	−23.878 9	23.900 3	−34.535 6	−0.077 1	0.077 7	9.136 0	0.14
0.572 2	−23.878 4	23.691 5	−34.954 9	−0.077 1	0.087 3	8.120 5	0.14

　　图 6-14 为 3 号异常体不同延迟时间电流环反演结果对比图。图中黑色粗线为模拟的水平孔,黑色立方体为 3 号异常体,立方体中的圆环为使用不同时间数据分别反演得到的电流环。从图中可看出,反演得到的电流环均位于

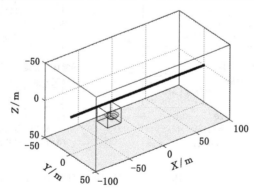

图 6-14　3 号异常体不同延迟时间电流环反演结果对比图

异常体范围内,电流环中心与异常体中心位置较吻合。具体反演参数见表 6-5。

表 6-5　3 号异常体不同延迟时间的电流环反演参数

延迟时间/ms	X_0/m	Y_0/m	Z_0/m	α/(°)	ϕ/(°)	R/m	拟合误差/%
0.231 0	−25.525 3	−21.650 9	33.876 4	0.465 4	−0.092 7	7.965 1	0.409 87
0.247 7	−26.055 3	−21.596 4	34.780 1	0.456 6	−0.071 6	3.500 8	0.329 85
0.265 6	−25.831 3	−21.149 8	35.166 4	0.431 7	−0.048 9	2.260 6	0.244 76
0.284 8	−25.568 4	−20.718 8	35.481 4	0.406 9	−0.026 3	1.484 2	0.303 75
0.305 4	−25.889 4	−21.141 7	35.228 3	0.433 7	−0.048 1	1.100 0	0.243 84

（4）4 号异常体

图 6-15 为 4 号异常体不同延迟时间电流环反演拟合结果图。对比图(a)到图(e)发现,从 0.231 0 ms 到 0.305 4 ms 不同延迟时间各分量曲线形态随时间变化不大。故在此以图(a)为例分析各分量曲线形态随 X 坐标变化趋

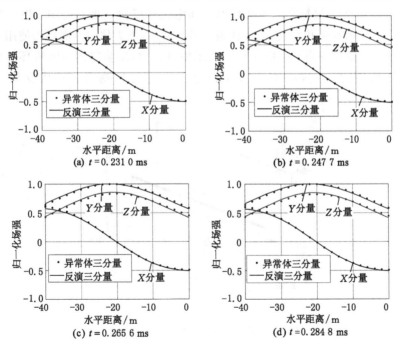

图 6-15　4 号异常体不同延迟时间电流环反演拟合结果图

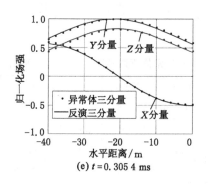

(e) $t=0.305\,4$ ms

图 6-15 （续）

势,从图(a)可看出,随 X 坐标由 -40 m 变化到 0,Y 分量和 Z 分量变化趋势基本一致,均为低高低的趋势,都在 $X=-24$ m 左右达到极大值。随 X 坐标增大,X 分量则呈现由正值逐渐递减趋势,且在 $X=-20$ m 左右时 X 分量值达到 0,之后 X 分量变为负值。

图 6-16 为 4 号异常体不同延迟时间电流环反演结果对比图。图中黑色粗线为模拟的水平孔,黑色立方体为 4 号异常体,立方体中的圆环为使用不同时间数据分别反演得到的电流环。从图中可看出,反演得到的电流环均位于异常体范围内,电流环中心与异常体中心位置较吻合。具体反演参数见表 6-6。

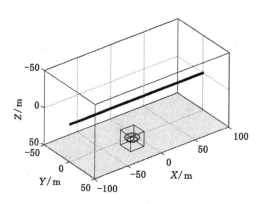

图 6-16 4 号异常体不同延迟时间电流环反演结果对比图

表 6-6　4 号异常体不同延迟时间的电流环反演参数

延迟时间/ms	X_0/m	Y_0/m	Z_0/m	α/(°)	ϕ/(°)	R/m	拟合误差/%
0.231 0	−24.731 3	22.527 3	33.725 7	0.428 4	0.110 1	9.569 8	0.414 9
0.247 7	−24.769 3	22.139 1	34.018 5	0.418 6	0.082 9	9.526 9	0.292 3
0.265 6	−24.701 2	22.114 9	34.274 1	0.393 6	0.068 2	9.009 6	0.269 7
0.284 8	−24.933 1	22.177 2	34.924 7	0.377 6	0.053 9	6.855 6	0.254 7
0.305 4	−25.199 7	22.214 1	35.665 3	0.365 1	0.039 0	2.910 2	0.245 0

6.4.3　野外试验反演算例

（1）测线布置

试验地点选在陕西省蓝田县郊外进行，试验区无高压线，地形平坦，最大落差不超过 3 m。试验现场见图 6-17，试验现场测线布置见图 6-18。

图 6-17　试验区地形地貌图

回线磁源边长为 240 m×240 m，发射机为加拿大凤凰地球物理有限公司的 T4 发射机，接收机为澳大利亚 EMIT 公司的 SM24 仪器，采用澳大利亚 EMIT 公司的三分量磁通门探头采集三分量磁场。发射基频为 8.333 3 Hz，发射电流为 13 A，电流为顺时针方向。铝板中心位于回线中心，测线距金属铝板中心为 4 m，测点点距为 1 m，共 61 个测点，点号编排方式为 0、1、2、…、60。金属铝板尺

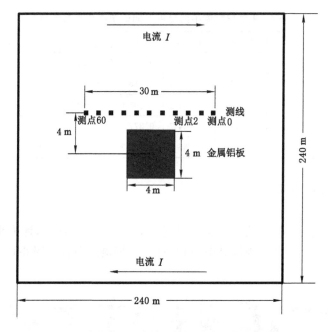

图 6-18　试验现场测线布置图

寸为 4 m×4 m,由 8 块 2 m×1 m 的薄板拼接而成,如图 6-19 所示。

图 6-19　金属铝板铺设示意图

（2）三分量方向设置

受探头正面与方面的限制,设置磁通门探头的 X 分量指向大号点方向为正,Y 分量指向异常体方向为正,Z 分量向上为正。这与设定的坐标系上下颠倒,不影响反演结果,但分量的极性随之相反。试验坐标设定如图 6-20 所示。三分量磁通门探头如图 6-21 所示。

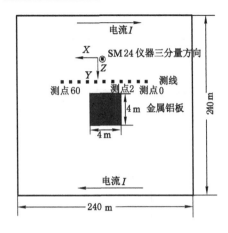

图 6-20　SM24 仪器三分量方向示意图

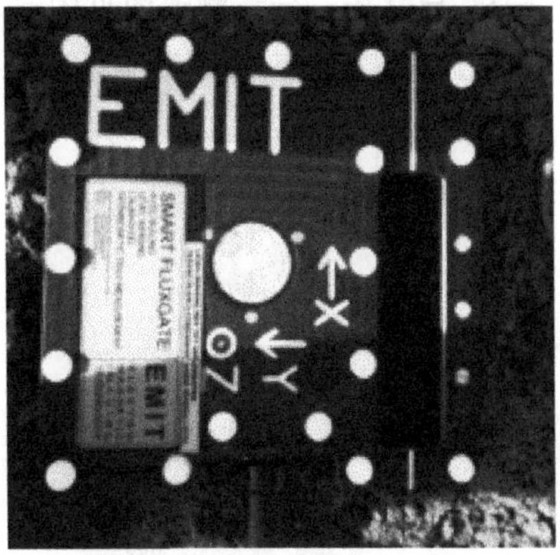

图 6-21　SM24 仪器三分量磁通门
探头示意图

(3) 数据图件及处理结果

分别在布置铝板时和撤去铝板后进行三分量磁场的采集,得到含异常体的总场数据和不含异常体的背景场数据。在总场数据中减去背景场数据,即认为得到异常场数据。总场三分量测道图见图 6-22,背景场三分量测道图见

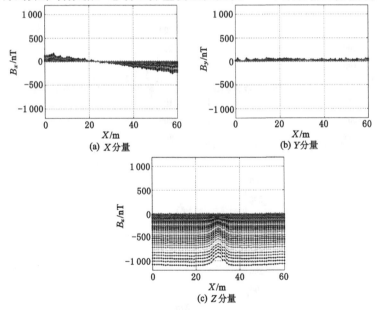

图 6-22　总场三分量测道图

图 6-23,异常场三分量测道图见图 6-24。

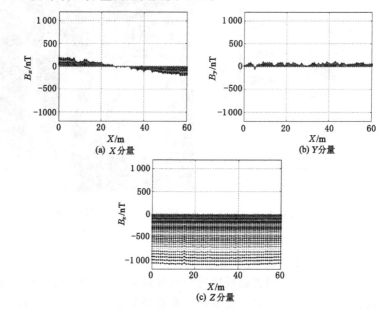

图 6-23　背景场三分量测道图

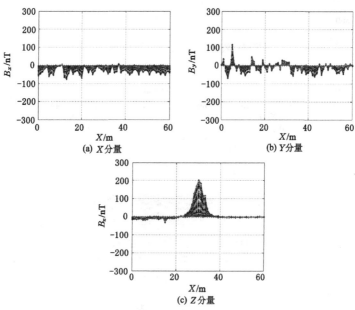

图 6-24　异常场三分量测道图

从图 6-24 可以看出,X 分量和 Y 分量无明显异常响应,Z 分量异常响应较明显。以异常场 Z 分量的分布特征为基准,确定总场中背景场区与异常场区的影响范围,通过前面述及的异常场分离算法提取异常场响应,为电流环反演提供基础数据。图 6-25 为基于不同时间分离的异常场三分量数据,进行电流环反演获得的结果。

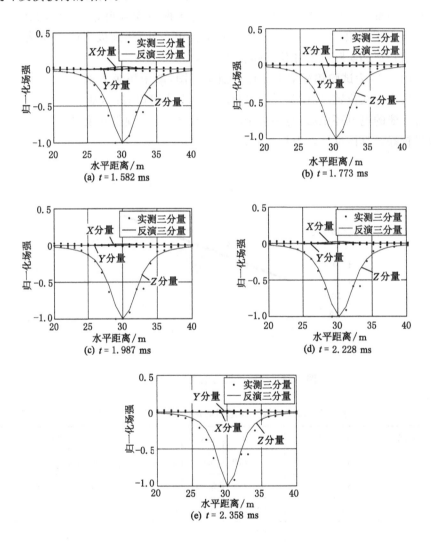

图 6-25　电流环反演拟合对比图

由图 6-25 可以看出，X、Y 分量基本分布在零附近，这是由于铝板和测线共面（均位于地面），异常场的响应在理论上应该很小或没有，但因干扰与背景噪声的存在，使得不同测点实测 X、Y 分量值在零点附近上下跳跃。反演结果显示了理论零值的直线。Z 分量异常场随水平距离增加，变化趋势表现为典型的倒"V"形。反演曲线随水平距离变化呈现明显的"V"形，这是因为试验坐标系与反演坐标系上下颠倒的原因，实际上两者吻合很好。反演的 Z 分量曲线在水平距离约为 30 m 处（即正对铝板中心处）达到极小值，反演结果与实测值特征和实际异常体位置吻合较好。

图 6-26 为试验铝板的电流环反演结果图，图中黑色方框为铝板位置，黑色线段为测线位置，圆圈为反演电流环。从图中可以看出，基于不同时间数据进行反演的电流环中心，与铝板中心位置相吻合，且倾斜角度基本为零，反演效果较好。具体反演参数见表 6-7。

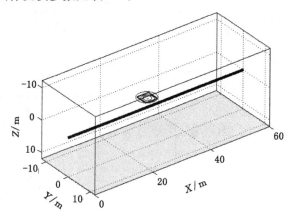

图 6-26　试验铝板的电流环反演结果图

表 6-7　试验铝板不同延迟时间时的电流环反演参数

延迟时间/ms	X_0/m	Y_0/m	Z_0/m	α/(°)	ϕ/(°)	R/m	拟合误差/%
1.582	30.066	−4.263 9	0.009 879	0.001	0.001 000 0	3.000 0	16.80
1.773	29.934	−3.650 0	0.031 475	0.001	0.003 903 9	1.897 7	19.06
1.987	29.976	−3.271 0	0.041 948	0.001	0.008 190 2	1.700 0	10.08
2.228	29.940	−3.550 0	0.025 940	0.001	0.002 099 7	0.121 8	7.60
2.358	29.971	−3.869 3	0.005 759 8	0.001	0.001 197 7	1.200 0	20.55

6.5　小　　结

本章首先借助三维直角坐标系的旋转公式实现任意倾斜角度的电流环正演；其次，基于多项式拟合对背景场进行曲线拟合，得到异常场分离算法；再次，以异常场三分量为基础，采用自适应正则化最小二乘法开发地面-钻孔瞬变电磁异常场反演算法；最后，基于商用瞬变电磁软件 Maxwell 建模，利用本书编写的反演程序对水平板状体和倾斜板状体进行反演试算。结果显示，基于电流环反演的响应值与早中晚期各道模拟响应值重合较好，反演得到的电流环与理论薄板的空间位置吻合，证明了电流环反演算法的正确性。

通过时域有限差分算法对构建的地面-钻孔瞬变电磁法模型进行正演计算，以异常场分离算法计算异常体的三分量异常场，据此进行电流环反演计算。各模型不同延迟时间的三分量曲线与反演拟合结果吻合良好。反演得到的电流环均位于异常体内部，电流环中心与异常体中心位置吻合较好，但电流环尺寸与异常体规模存在一定偏差。实地展开地面-钻孔瞬变电磁法探测试验，依据异常场分离算法提取铝板的异常响应，并进行反演计算。结果表明，不同延迟时间反演的电流环中心位置稳定，与铝板中心位置吻合；电流环倾斜角度稳定，与实际基本接近；电流环尺寸变化较大，与实际铝板尺寸存在一定偏差。综合评价反演效果整体较好，认为基于电流环理论的地面-钻孔瞬变电磁法最小二乘反演方法有效。

第7章 结论与建议

7.1 结 论

针对现阶段煤矿井下巷道超前探测方法一次探查距离相对较短、工作面内水源性隐蔽致灾体探查手段不足的现状,研究一种在煤矿井下水平钻孔中应用的地面-钻孔瞬变电磁技术。首先对正演采用的三维时域有限差分算法进行检验,通过与标准模型计算结果的比较证明数值算法的正确性;然后构建几种常见的水源性隐蔽致灾体地质与地电模型,在改变相关参数后对不同条件下的模型响应进行数值模拟;在总结分析典型模型响应特征与主要参数影响规律的基础上,论证异常体感应涡流场与电流环辐射场的相似性。其次,利用电流环辐射场的空间指向性,研究针对水平测线的浮动系数空间交汇算法,以确定涡流场的中心位置。最后,采用带约束的最小二乘反演算法,确定感应涡流场的空间位置和姿态,实现水平钻孔周围水源性隐蔽致灾体的空间定位技术。

7.1.1 回线源的激发场

(1) 利用毕奥-萨伐尔定律分别推导了载流圆形回线源、长方形回线源和正方形回线源在空间任意一点产生的磁感应强度的解析解公式。

(2) 对三种激发源在空间形成的磁场分布进行了数值计算,计算结果具有一致的整体规律。激发场强度总体呈现浅部强、深部弱的分布特征,磁感应强度主要受与回线源距离变化的影响,在回线附近的磁场表现为最强值。随着与回线源距离的增加,磁感应强度的变化梯度逐渐减小。在深度方向与回线源平行的平面上,磁感应强度分布呈现中间强、边缘弱的特征,等值线依据回线源形状表现为圆形或椭圆形。在回线源中间部分区域,激发场主要为垂向磁场且强度在横向上的变化较小,这是因为地面瞬变电磁法将回线中心一定区域当作均匀场。

（3）为探讨对不同深度最佳回线源尺寸的问题，以实际生产中常用的正方形回线为例，计算 8 种常见尺寸回线在地下－100 m 到－800 m 深度产生的磁场。计算结果显示，大尺寸回线源在浅部产生的激发场并非更强，但深部的激发场场强随尺寸加大而增强。固定深度磁场值的变化结果显示，过大或过小尺寸的回线源并不能激发出最大强度的一次磁场，对－100 m 深度的测点，240 m×240 m 的回线源能产生最强的激发场。计算结果对地面-钻孔瞬变电磁法回线源尺寸的选择具有指导意义。

7.1.2　三维正演计算方法与模型响应特征

（1）从电磁法的麦克斯韦方程组出发，研究了瞬变电磁矢量有限单元三维正演算法和三维时域有限差分算法。将两种方法的正演响应与 T. Wang 和 G. W. Hohmann 的时域有限差分正演响应做了比较，验证了两种正演方法的计算精度，确定了正演算法的可靠性。

（2）矢量有限单元算法是通过积分实现正演计算的，求解过程中需要求解几十万阶的方程组，随着剖分网格数的增加，方程组阶数急剧增加，条件数急剧增大。现阶段计算机硬件水平只能支持剖分网格数到 50×50×50 左右。考虑无穷远边界条件，异常体不能得到精细剖分。但该方法具有网格适用性较强，算法较稳定的优点。时域有限差分算法是通过微分迭代实现正演计算的。在求解瞬变电磁场时用差分代替微分，建立显式的迭代方程，无须求解大型方程组。剖分网格一般能达到 300×300×300，实现对地下异常体的精确剖分。该方法主要适用于结构化网格，对不同的正演模型其网格的步长并不一样，得匹配合适的时间差分步长和空间差分步长，否则容易发散。为着重研究异常体产生的异常场响应，对计算精度、模型剖分精度、测点间距要求较高，故确定采用时域有限差分算法作为正演计算方法。

（3）构建煤矿开采过程中常见的陷落柱、采空区、断层和顶板砂岩含水层等水源性隐蔽致灾体的地质与电性模型，采用时域有限差分算法对异常体的全空间三分量响应进行数值模拟。各异常体均有明显的三分量磁场响应，依据各分量背景场的相对强弱，总场上异常体的反映表现不一。异常体的 Y 分量在总场中表现明显，X、Z 分量因背景值相对较强，使得异常场被掩盖。对各模型异常场而言，三分量表现形式不一，但均以"N"形和"V"形为基本形状，过零点和极值点分别指明异常体中心在测线上的位置。

（4）对回线源尺寸、低电阻率覆盖层、异常体方位、异常体规模和距离等五个因素的影响进行数值模拟。结果显示，增加回线源尺寸能提高总场和异常场强度,但增加幅度逐渐减弱,且存在异常极限。这表明回线尺寸并非越大越好,而应依据目标深度进行优化。异常响应随覆盖层电阻率降低而减弱,可理解为异常体与围岩的电阻率差缩小所致。当异常体位于测线不同方位时,异常场三分量曲线组合形式具有唯一性,可据此判断异常体的大致方位。随着异常体与测线距离的变化,异常曲线随之变化,但曲线形态不变。与测线距离越远,异常越弱,可理解为二次场的距离损失。

(5)以仪器精度和大地电磁噪声为基本阈值,设定叠加次数为 500 次,确定可分辨最小信号强度为 66 pT。从测线深度改变时总场三个分量的强度与最小信号阈值之间的相对关系探讨地面-钻孔瞬变电磁法探测深度问题,据此获得在给定参数条件下,测线最大深度为 1 500 m。

7.1.3 异常体空间定位技术

(1)电流环辐射磁场的三分量矢量在空间上与电流环中心有明确的指向性,采用水平测线上各分量矢量的交汇算法,能获得水平电流环中心的三维坐标。对比异常体感应涡流磁场在空间的分布特征,认为异常体在外部产生的异常磁场,可以用位于异常体内部的电流环所辐射的磁场代替。研究水平测线上磁场三分量矢量对水平电流环中心的交汇特性,开发出适用于水平测线的浮动系数空间交汇算法,并建立基于 Y 方向不同距离的浮动系数表。位于不同象限的四个模型的计算结果,对浮动系数空间交汇算法的准确性进行了验证。对不同倾斜角度近似水平电流环空间定位的试算结果表明,倾斜角度的增加将降低交汇的准确度。

(2)浮动系数空间交汇算法虽能确定异常体的中心坐标,但不能获取异常体的尺寸、倾斜程度等更准确的参数。视异常体内部的涡流场为一个等效电流环,赋予其中心点坐标、半径、倾斜角度等变量,使用带约束的最小二乘反演算法对各变量进行反演计算,能进一步获得异常体空间姿态、规模大小等信息。反演算法以异常体的异常场为基础数据,以三维空间任意姿态的电流环为反演对象,以正演计算结果与观测数据的相对误差为目标函数。通过对背景场数据进行曲线拟合,能获得异常体主要影响区段的背景场,以总场减去背景场的方法分离出异常体的异常场。浮动系数空间交汇算法提供了异常体的初始中心坐标,以目标函数为导向对电流环的参数不断迭代计算。对Maxwell 软件正演的水平板状体和倾斜板状体模型的数据进行反演,中心坐标、空间姿态、尺寸均与板状体的参数高度吻合。对时域有限差分算法正演的四组立方体模型结果进行反演,中心坐标和空间姿态与板状体的参数吻合较好,但反演的电流环半径不稳定,与立方体尺寸存在一定偏差。以地表铝板为异常体的现场试验对该反演算法进行了进一步验证,除反演半径不够稳定外,中心坐标与空间姿态均与实际吻合较好。

7.2　建　　议

虽然已对地面-钻孔瞬变电磁法进行了大量的研究,但仍存在一些尚未解决的问题,这也是进一步研究的方向。具体包括以下几个方面:

(1)使用多项式曲线拟合算法获取全测线段的背景场,以总场减去背景场的方式得到异常场时,对反映较弱的异常响应,可能提取不准确甚至出现虚假异常。当实际环境复杂,背景曲线未表现圆滑、渐变特征时,本书介绍的异常分离算法将不适用。建议进一步分析异常场与不同地质条件下背景场的区别,研究更准确的异常分离算法。

(2)研究的浮动系数空间交汇算法对水平电流环能取得准确结果,但并不适用于倾斜程度较大的电流环。建议对电流环倾斜时各分量的指向性关系进一步研究,以拓宽该算法的适用范围。

(3)以电流环等效地质异常体的感应涡流场,对板状地质体而言具有更强的适应性。当异常体为立方体结构或条带状结构时,电流环的几何特征并不能准确对其进行描述,容易对计算的尺寸和空间姿态结果产生先天性偏差。建议进一步研究感应涡流场随时间的动态变化规律,或研究椭圆形电流环、电流块等更细致形态的载流体,以获得对复杂地质异常体的空间描述。

当以上研究方向获得进一步突破时,地面-钻孔瞬变电磁法将能取得更准确的探测结果,这种方法的优势将进一步凸显,这对提高我国煤矿水源性隐蔽致灾体的探测水平大有帮助,能为煤矿安全生产做出更大贡献。

参 考 文 献

[1] 李貅. 瞬变电磁测深的理论与应用[M]. 西安:陕西科学技术出版社,2002.

[2] 朴化荣. 电磁测深法原理[M]. 北京:地质出版社,1990.

[3] KUO J T,CHO D H. Transient time-domain electromagnetics[J]. Geophysics,1980,45(2):271-291.

[4] SANFILIPO W A,HOHMANN G W. Integral equation solution for the transient electromagnetic response of a three-dimensional body in a conductive half-space[J]. Geophysics,1985,50(5):798-809.

[5] SANFILIPO W A,EATON P A,HOHMANN G W. The effect of a conductive half-space on the transient electromagnetic response of a three-dimensional body[J]. Geophysics,1985,50(7):1144-1162.

[6] NEWMAN G A, HOHMANN G W, ANDERSON W L. Transient electromagnetic response of a three-dimensional body in a layered earth [J]. Geophysics,1986,51(8):1608-1627.

[7] NEWMAN G A,HOHMANN G W. Transient electromagnetic responses of high-contrast prisms in a layered earth[J]. Geophysics,1988,53(5):691-706.

[8] WANG T,HOHMANN G W. A finite-difference,time-domain solution for three-dimensional electromagnetic modeling[J]. Geophysics,1993,58(6):797-809.

[9] 宋维琪,全兆歧. 3D 瞬变电磁场的有限差分正演计算[J]. 石油地球物理勘探,2000,35(6):751-756.

[10] 肖怀宇. 带地形的瞬变电磁法三维数值模拟[D]. 北京:中国地质大学(北京),2006.

[11] ZHDANOV M S, LEE S K, YOSHIOKA K. Integral equation method for 3D modeling of electromagnetic fields in complex structures with inhomogeneous background conductivity[J]. Geophysics, 2006, 71(6): 333-345.

[12] EPOV M I, SHURINA E P, NECHAEV O V. 3D forward modeling of vector field for induction logging problems[J]. Russian geology and geophysics, 2007, 48(9): 770-774.

[13] RALPH-UWE B, ERNST O G, SPITZER K. Fast 3-D simulation of transient electromagnetic fields by model reduction in the frequency domain using Krylov subspace projection[J]. Geophysical journal international, 2008, 173(3): 766-780.

[14] UM E S, HARRIS J M, ALUMBAUGH D L. 3D time-domain simulation of electromagnetic diffusion phenomena: a finite-element electric-field approach[J]. Geophysics, 2010, 75(4): 115-126.

[15] 殷长春, 刘斌. 瞬变电磁法三维问题正演及激电效应特征研究[J]. 地球物理学报, 1994, 37(增刊): 486-492.

[16] 唐新功, 胡文宝, 严良俊. 层状地层中三维薄板的瞬变电磁响应[J]. 石油地球物理勘探, 2000, 35(5): 628-633, 650.

[17] 关珊珊. 基于GPU的三维有限差分直升机瞬变电磁响应并行计算[D]. 长春: 吉林大学, 2012.

[18] 许洋铖, 林君, 李肃义, 等. 全波形时间域航空电磁响应三维有限差分数值计算[J]. 地球物理学报, 2012, 55(6): 2105-2114.

[19] 孙怀凤. 隧道含水构造三维瞬变电磁场响应特征及突水灾害源预报研究[D]. 济南: 山东大学, 2013.

[20] 孙怀凤, 李貅, 李术才, 等. 考虑关断时间的回线源激发TEM三维时域有限差分正演[J]. 地球物理学报, 2013, 56(3): 1049-1064.

[21] 李展辉, 黄清华. 瞬变电磁正演之带激励源的三维曲线交错网格时域有限差分方法[C]//中国地球物理学会第二十七届年会论文集. 长沙: 中国地球物理学会, 2011: 310.

[22] 邱稚鹏, 李展辉, 李墩柱, 等. 基于非正交网格的带地形三维瞬变电磁场模拟[J]. 地球物理学报, 2013, 56(12): 4245-4255.

[23] 李建慧, 胡祥云, 曾思红, 等. 基于电场Helmholtz方程的回线源瞬变电磁法三维正演[J]. 地球物理学报, 2013, 56(12): 4256-4267.

[24] 姚伟华. 瞬变电磁法矢量有限元三维正演研究[D]. 西安:长安大学,2015.

[25] 李贺. 直接时间域矢量有限元瞬变电磁三维正演模拟[D]. 西安:长安大学,2016.

[26] 孙怀凤,程铭,吴启龙,等. 瞬变电磁三维 FDTD 正演多分辨网格方法[J]. 地球物理学报,2018,61(12):5096-5104.

[27] 周建美,刘文韬,李貅,等. 双轴各向异性介质中回线源瞬变电磁三维拟态有限体积正演算法[J]. 地球物理学报,2018,61(1):368-378.

[28] 刘亚军,胡祥云,彭荣华,等. 回线源瞬变电磁法有限体积三维任意各向异性正演及分析[J]. 地球物理学报,2019,62(5):1954-1968.

[29] 齐彦福,李貅,殷长春,等. 时间域航空电磁各向异性大地三维自适应有限元正演研究[J]. 地球物理学报,2020,63(6):2434-2448.

[30] 曾树新. 瞬变电磁二维正反演研究[D]. 北京:中国地质大学(北京),2018.

[31] WOODS D V. A model study of the crone borehole pulse electromagnetic (PEM) system[D]. Kingston:Queen's University,1975.

[32] EATON P A,HOHMANN G W. The influence of a conductive host on two-dimensional borehole transient electromagnetic responses [J]. Geophysics,1984,49(7):861-869.

[33] WEST R C,WARD S H. The borehole transient electromagnetic response of a three-dimensional fracture zone in a conductive halfspace [J]. Geophysics,1988,53(11):1469-1478.

[34] DYCK A V,WEST G F. The role of simple computer models in interpretations of wide-band,drill-hole electromagnetic surveys in mineral exploration[J]. Geophysics,1984,49(7):957-980.

[35] RICHARDS D J. CRAE's approach to downhole TEM at broken hill[J]. Exploration geophysics,1987,18(3):279-284.

[36] THOMAS L. Short note:a simple interpretation aid for electromagnetic anomalies[J]. Exploration geophysics,1987,18(3):349-351.

[37] PARUMS R. Downhole electromagnetic modelling [R]. Melbourne:University of Melbourne,1984.

[38] EADIE T,STALTARI G. Introduction to downhole electromagnetic methods[J]. Exploration geophysics,1987,18(3):247-351.

[39] DUNCAN A C. Interpretation of down-hole transient EM data using current filaments[J]. Exploration geophysics,1987,18(1/2):36-39.

[40] CULL J P. Rotation and resolution of three-component DHEM data[J]. Exploration geophysics,1996,27(2/3):155-159.

[41] TURNER G. Borehole radar-why it is different from lower frequency DHEM techniques[J]. Exploration geophysics,1996,27(2/3):161-165.

[42] CULL J,MASSIE D. Noise Reduction for Down-hole Three-component TEM probes[J]. ASEG extended abstracts,2001(1):1-3.

[43] STOLZ E M G. Direct detection of gold bearing structures at St Ives, WA? DHEM vs DHMMR[J]. Exploration geophysics,2003,34(2): 131-136.

[44] PURSS M B J,CULL J P,ASTEN M W. Simultaneous modelling of the phase and amplitude components of downhole magnetometric resistivity data[J]. Journal of applied geophysics,2003,54(1/2):1-14.

[45] JOHNSON D M, SHEPPARD S, PAGGI J, et al. Discovery of the Moran massive nickel sulphide deposit using down-hole transient electromagnetic surveying[J]. ASEG extended abstracts,2010(1):1-4.

[46] DUNCAN A. Advances in ground and borehole EM survey technology to 2017[C]//Proceedings of Exploration 17:Sixth Decennial International Conference on Mineral Exploration. [S. l.:s. n.],2017:169-182.

[47] 吴凤翔."七五"国家重点科技攻关项目第55项子专题研究报告:瞬变场法研究[R]. 北京:中华人民共和国地质矿产部物化探研究所,1990.

[48] 胡平. 中华人民共和国地质矿产部"八五"科技攻关项目研究成果报告:地井瞬变电磁法(TEM)方法技术手册[R]. 北京:中华人民共和国地质矿产部,1995.

[49] 蒋慎君,陈卫. 金属矿区井中脉冲瞬变电磁法的应用效果[J]. 地质与勘探,1988,24(1):38-43.

[50] 张兆京,杨健,徐正超. 井中脉冲电磁法的模型实验研究[J]. 矿产与地质,1986(3):51-57.

[51] 陈锡杰,任怀宗. 钻井中等轴状导体的瞬变电磁响应[J]. 地质与勘探,1988,24(11):39-43.

[52] 雷达. 瞬变电磁法数据提取纯异常方法技术[J]. 物探与化探,2004,28(4):320-322.

[53] 张杰,吕国印,赵敬洗,等.地-井 TEM 向量交会技术的实现和应用效果[J].物探化探计算技术,2007,29(增刊):162-165.

[54] 朱松涛.大深度井中三分量 TEM 新方法的应用[C]//中国地球物理学会第二十六届年会、中国地震学会第十三次学术大会论文集.宁波:[出版者不详],2010:693.

[55] 宋汐瑾,党瑞荣,郭宝龙,等.井中磁源瞬变电磁响应特征研究[J].地球物理学报,2011,54(4):1122-1129.

[56] 孟庆鑫,潘和平.地-井瞬变电磁响应特征数值模拟分析[J].地球物理学报,2012,55(3):1046-1053.

[57] 戴雪平.地-井瞬变电磁法三维响应特征研究[D].北京:中国地质大学(北京),2013.

[58] 孟庆鑫,潘和平,牛峥.大地介质影响下地-井瞬变电磁的正演模拟分析[J].中国矿业大学学报,2014,43(6):1113-1119.

[59] 杨毅,邓晓红,张杰,等.一种井中瞬变电磁异常反演方法[J].物探与化探,2014,38(4):855-859,864.

[60] 李建慧,刘树才,焦险峰,等.地-井瞬变电磁法三维正演研究[J].石油地球物理勘探,2015,50(3):556-564.

[61] 徐正玉,杨海燕,邓居智,等.回线源三维地-井瞬变电磁法 FDTD 数值模拟[J].工程地球物理学报,2015,12(3):327-332.

[62] 张杰,邓晓红,谭捍东,等.地-井瞬变电磁资料矢量交会解释方法[J].物探与化探,2015,39(3):572-579.

[63] 徐正玉,杨海燕,邓居智,等.垂直接触带影响下地-井瞬变电磁响应研究[J].地球物理学进展,2015,30(3):1345-1353.

[64] 徐正玉,杨海燕,邓居智,等.基于异常场的地-井瞬变电磁法正演研究[J].物探与化探,2015,39(6):1176-1182.

[65] 唐继强,席振铢,王鹤,等.三维体地-井瞬变电磁三分量测量响应规律研究[J].工程地球物理学报,2015,12(3):315-321.

[66] 武军杰,智庆全,李貅,等.定源回线瞬变电磁三分量纯异常三维反演方法[J].地球物理学进展,2015,30(6):2827-2835.

[67] 程建远,李博凡,范涛,等.基于趋势面分析的瞬变电磁弱异常提取方法[J].煤炭学报,2015,40(12):2856-2864.

[68] 杨怀杰,潘和平,孟庆鑫,等.导电围岩对井中三维瞬变电磁响应的影响规律研究[J].石油物探,2016,55(2):288-293,302.

［69］杨海燕,岳建华,徐正玉,等.覆盖层影响下典型地-井模型瞬变电磁法正演［J］.吉林大学学报(地球科学版),2016,46(5):1527-1537.

［70］李术才,李凯,翟明华,等.矿井地面-井下电性源瞬变电磁探测响应规律分析［J］.煤炭学报,2016,41(8):2024-2032.

［71］陈丁.矿井全空间巷道孔中瞬变电磁波场特征数值模拟研究［D］.北京:中国矿业大学(北京),2016.

［72］武军杰,李貅,智庆全,等.电性源地-井瞬变电磁全域视电阻率定义［J］.地球物理学报,2017,60(4):1595-1605.

［73］李凯.隧道含水构造地面-地下瞬变电磁探测方法与响应规律研究［D］.济南:山东大学,2017.

［74］杨毅,智庆全,邓晓红,等.基于层状大地响应的异常场提取与载流环地-井 TEM 反演技术［J］.地球物理学进展,2018,33(5):2048-2055.

［75］杨毅,张杰,霍美净,等.基于 Matlab 平台的地-井 TEM 快速成像［J］.物探化探计算技术,2018,40(6):764-771.

［76］陈爽爽.地面-巷道瞬变电磁法一维正演及视电阻率计算方法研究［D］.徐州:中国矿业大学,2018.

［77］范涛.矿井巷道-钻孔瞬变电磁二维拟地震反演方法及应用［J］.煤炭学报,2019,44(6):1804-1816.

［78］陈卫营,韩思旭,薛国强.电性源地-井瞬变电磁法全分量响应特性与探测能力分析［J］.地球物理学报,2019,62(5):1969-1980.

［79］王鹏,程建远,姚伟华,等.积水采空区地面-钻孔瞬变电磁探测技术［J］.煤炭学报,2019,44(8):2502-2508.

［80］姚伟华,王鹏,李明星,等.地孔瞬变电磁法超前探测数值模拟响应特征［J］.煤炭学报,2019,44(10):3145-3153.

［80］姚伟华,王鹏,李明星,等.地孔瞬变电磁法超前探测数值模拟响应特征［J］.煤炭学报,2019,44(10):3145-3153.

［81］SINGH S K. Electromagnetic transient response of a conducting sphere embedded in a conductive medium［J］. Geophysics,1973,38(5):864-893.

［82］DYCK A V. A method for quantitative interpretation of wideband drillhole EM surveys in mineral exploration［D］. Toronto:University of Toronto,1981.

［83］BOYD G W,WILES C J. The Newmont drill-hole EMP system:

examples from eastern Australia[J]. Geophysics,1984,49(7):949-956.

[84] BISHOP J R,LEWIS R J G,MACNAE J C. Down-hole electromagnetic surveys at Renison Bell, Tasmania[J]. Exploration geophysics,1987, 18(3):265-277.

[85] MUTTON A J. Applications of downhole SIROTEM surveys in the Agnew nickel belt, WA [J]. Exploration geophysics, 1987, 18 (3): 295-303.

[86] RAICHE A P,BENNETT L A. Layered earth models using downhole electromagnetic receivers [J]. Exploration geophysics, 1987, 18 (3): 325-329.

[87] LANE R J L. The downhole EM response of an intersected massive sulphide deposit,south Australia[J]. Exploration geophysics,1987,18 (3):313-318.

[88] LEE S K,BUSELLI G. Underground and down-hole transient electromagnetic modelling [J]. Exploration geophysics, 1987, 18 (1/2): 130-134.

[89] WEST R C, WARD S H. The borehole transient electromagnetic response of a three-dimensional fracture zone in a conductive half-space [J]. Geophysics,1988,53(11):1469-1478.

[90] GRUSZKA T P,WAIT J R. Interaction of induced polarization and electromagnetic effects in borehole probing[J]. Geoexploration,1989, 25(4):267-277.

[91] NEWMAN G A,ANDERSON W L,HOHMANN G W. Effect of conductive host rock on borehole transient electromagnetic responses[J]. Geophysics,1989,54(5):598-608.

[92] SPIES B R,GREAVES R J. Numerical modeling of surface-to-borehole electromagnetic surveys for monitoring thermal enhanced oil recovery [J]. Geoexploration,1991,28(3/4):293-311.

[93] LABRECQUE D J. Cross-borehole TEM for enhanced oil recovery: a model study[J]. Geoexploration,1991,28(3/4):329-348.

[94] CULL J P. Downhole three component TEM probes[J]. Exploration geophysics,1993,24(3/4):437-441.

[95] NEWMAN G A. A study of downhole electromagnetic sources for

mapping enhanced oil recovery processes[J]. Geophysics,1994,59(4): 534-545.

[96] WARE G H Jr, HOVERSTEN G M. Electromagnetic response of certain layered models to the surface to downhole induction profiling coil configuration[C]//Symposium on the Application of Geophysics to Engineering and Environmental Problems 1995. Tulsa: Society of Exploration Geophysicists,1995:747-756.

[97] ASTEN M W. Drillhole EM: a strictly scientific hokey-pokey[J]. Exploration geophysics,1996,27(2/3):41-49.

[98] BUSELLI G,LEE S K. Modelling of drill-hole TEM responses from multiple targets covered by a conductive overburden[J]. Exploration geophysics,1996,27(2/3):141-153.

[99] ZHANG Y M,LIU C,SHEN L C. A TLM model of a borehole electro-magnetic sensing system [J]. Journal of applied geophysics, 1996, 36(2/3):77-88.

[100] VELLA L. Taking downhole EM underground,at hill 50 decline, mount magnet,western Australia[J]. Exploration geophysics, 1997, 28(1/2):141-146.

[101] SINGER B S,MEZZATESTA A,WANG T. 3D modeling of electro-magnetic field in subsurface and borehole environments[C]//SEG Technical Program Expanded Abstracts 2002. Tulsa: Society of Exploration Geophysicists,2002.

[102] KIM H J,LEE K H,WILT M. A fast inversion method for interpre-ting borehole electromagnetic data[J]. Earth,planets and space,2003, 55(5):249-254.

[103] SCHOOL C,EDWARDS R N. Marine downhole to seafloor dipole-dipole electromagnetic methods and the resolution of resistive targets [J]. Geophysics,2007,72:39-49.

[104] KOZHEVNIKOV N O, ANTONOV E Y, KAMNEV Y K, et al. Effects of borehole casing on TEM response[J]. Russian geology and geophysics,2014,55(11):1333-1339.

[105] 张辉. 井中瞬变电磁大功率脉冲场源设计[D]. 荆州:长江大学,2012.

[106] 宋汐瑾. 生产井瞬变电磁探测理论与方法研究[D]. 西安:西安电子科技

大学,2012.

[107] 任志平,党瑞荣,宋汐瑾.生产井瞬变电磁响应特征研究[J].石油天然气学报,2011,33(9):100-104,168.

[108] 孟庆鑫,潘和平.井中磁源瞬变电磁三维时域有限差分数值模拟[J].中南大学学报(自然科学版),2013,44(2):649-655.

[109] 纳比吉安.勘查地球物理中的电磁法[M].赵经祥,译.北京:地质出版社,1991.

[110] GURU B S,HIZIROGLU H R.电磁场与电磁波[M].周克定,等译.北京:机械工业出版社,2000.

[111] 考夫曼 A A,凯勒 G V.频率域和时间域电磁测深[M].王建谋,译.北京:地质出版社,1987.

[112] 李金铭.地电场与电法勘探[M].北京:地质出版社,2005.

[113] 薛国强,李貅,底青云.瞬变电磁法理论与应用研究进展[J].地球物理学进展,2007,22(4):1195-1200.

[114] 李建慧,朱自强,曾思红,等.瞬变电磁法正演计算进展[J].地球物理学进展,2012,27(4):1393-1400.

[115] 于景邨.矿井瞬变电磁法勘探[M].徐州:中国矿业大学出版社,2007.

[116] 于景邨.矿井瞬变电磁法理论与应用技术研究[D].徐州:中国矿业大学,1999.

[117] 杨海燕.矿用多匝小回线源瞬变电磁场数值模拟与分布规律研究[D].徐州:中国矿业大学,2009.

[118] 姜志海,岳建华,刘树才.多匝重叠小回线装置的矿井瞬变电磁观测系统[J].煤炭学报,2007,32(11):1152-1156.

[119] 王华军,罗延钟.中心回线瞬变电磁法 2.5 维有限单元算法[J].地球物理学报,2003,46(6):855-862.

[120] 熊彬,罗延钟.电导率分块均匀的瞬变电磁 2.5 维有限元数值模拟[J].地球物理学报,2006,49(2):590-597.

[121] 阎述.基于三维有限元数值模拟的电和电磁探测研究[D].西安:西安交通大学,2003.

[122] 王烨.基于矢量有限元的高频大地电磁法三维数值模拟[D].长沙:中南大学,2008.

[123] 孙向阳,聂在平,赵延文,等.用矢量有限元方法模拟随钻测井仪在倾斜各向异性地层中的电磁响应[J].地球物理学报,2008,51(5):

1600-1607.

[124] 刘长生.基于非结构化网格的三维大地电磁自适应矢量有限元数值模拟[D].长沙:中南大学,2009.

[125] 闫述,石显新.井下全空间瞬变电磁法 FDTD 计算中薄层和细导线的模拟[J].煤田地质与勘探,2004,32(增刊):87-89.

[126] 王长清,祝西里.电磁场计算中的时域有限差分法[M].北京:北京大学出版社,1994.

[127] 谭捍东,余钦范,BOOKER J,等.大地电磁法三维交错采样有限差分数值模拟[J].地球物理学报,2003,46(5):705-711.

[128] 余翔,王绪本,李新均,等.时域瞬变电磁法三维有限差分正演技术研究[J].地球物理学报,2017,60(2):810-819.

[129] 蒋邦远.实用近区磁源瞬变电磁法勘探[M].北京:地质出版社,1998.

[130] BARNETT C T. Simple inversion of time-domain electromagnetic data [J]. Geophysics,1984,49(7):925-933.